本书由

浙 江 省 卫 生 领 军 人 才 经 费

浙江省卫生高层次创新人才经费

资助出版

浙江省医学会公共卫生学分会科普丛书

黄酒功能因子与营养保健

主　编　郭航远　池菊芳　林　辉
副主编　裘　哲　翁惊凡　夏建宇

ZHEJIANG UNIVERSITY PRESS
浙江大学出版社

前　言

酒,既是一种神奇的饮品,又是人类文化的结晶。

黄酒为世界三大古酒(啤酒、葡萄酒、黄酒)之一,源于中国,且为中国所特有。古人称黄酒为"天之美禄",现代人称之为"液体蛋糕"。黄酒的饮用价值、营养价值和药用价值已为世人所公认。

一千六百年前,永和九年的那场醉,留下了两大遗产:一个是"兰亭序";一个是"绍兴酒"。"醺然一枕虚堂睡,顿觉情怀似少年。"那缕从鉴湖中流淌而出的芳香,竟让世人陶醉了千年之久。

从战国时期的带糟醪酒,到南北朝时的山阴甜酒,再至南宋,越地所产米酒才得以真正定名,称作"绍兴酒";及至清代,绍兴酒成为身份、地位和文化的象征,风靡一时……绍兴酒的历史,是一曲醇厚绵长的歌谣,早已融入江南人的血脉基因之中。

天下黄酒源绍兴,绍兴黄酒占尽地源、酒源、水源、人源、文化源之利。绍兴黄酒的酿造技术独树一帜,其规模也在不断扩大,已经形成了地域优势,是绍兴的一张产业名片,也是一张文化名片。

过去,绍兴黄酒守正有余,创新不足。现在,绍兴黄酒在创新中求发展,在变化中找出路。越酒行天下,是绍兴黄酒曾经的辉煌。绍兴黄酒长时间偏居江南一隅,虽然北方也有一些市场,但数量不大。如何让越酒再行天下? 如何让黄酒高端化、时尚化、年轻化、潮流化、健康化? 这已成为如今绍兴"黄酒人"追逐的梦。

我们团队是国内最早研究绍兴黄酒与营养健康的,坚持了整整十五年,取得了许多科研成果。2007年,我们出版了国内第一本有关绍兴黄酒与营养保健方面的医学科普图书《绍兴黄酒与养生保健》,同年,我国第一篇有关绍兴黄酒与冠心病预防的学术论文在国外 *Clinical Nutrition* 杂志上发表,并被 SCI 收录。此后,我们团队发表了一系列高水平论文,并获得了多项浙江省科技进步奖和浙江省医药卫生科技奖。

绍兴黄酒对人体的作用,对疾病的预防和治疗作用,不论是古籍记载,还是现代医学研究,都有着正反两方面的结论。饮酒的利弊,应根据不同人群、不同场合、不同剂量等具体情况加以分析。

本书参考了大量相关文献,有关绍兴黄酒的课题由国家自然科学基金和浙江省科技厅科研基金、绍兴市课题绍兴黄酒功能因子与养生保健重大专项、绍兴市心脑血管疾病康复技术创新与应用重点实验室资助,在此一并表示感谢。

本书以问答的编写形式,对绍兴黄酒的历史、分类、价值和饮用注意事项进行了简单的阐述;对黄酒的功能因子、科学饮用,黄酒对人体健康的利弊,醉酒的危害以及如何防醉解酒等方面进行了详细的叙述;对药酒的作用和方剂也进行了分类说明。

本书在《绍兴黄酒与养生保健》一书的基础上,进行了修订和补充。倡导科学、适度饮用绍兴黄酒是编写本书的出发点。由于时间和水平有限,书中错误之处难免,敬请广大读者批评指正。

郭航远

2021 年 10 月 15 日

目　录

黄酒的酿造

黄酒的品种

黄酒的功能因子和保健作用

黄酒与疾病

解酒和戒酒

中医治疗疾病的药酒

黄酒产业的机遇与挑战

黄酒的酿造

1. 什么叫黄酒?

　　黄酒是一类以稻米、黍米、玉米、小米、小麦等为主要原料,经过蒸煮、加酒曲、糖化、发酵、压榨、过滤、煎酒、贮存、勾兑而成的酿造酒。黄酒既是一种神奇的饮料,又是人类文化的结晶。由于历史的原因,黄酒的生产区域主要集中在南方的四省一市(浙江、江苏、上海、江西、福建),在其他地方也有少量发展。黄酒的酒精含量较低,为 8%～20%,一般为 15%～20%。作为一种低度、营养、保健型米酒,黄酒十分适合当今的消费潮流。

　　黄酒是我国的民族特产,在世界三大酿造酒(黄酒、葡萄酒和啤酒)中占有重要一席。其酿造技术独树一帜,成为东方酿造酒的典型代表。以浙江绍兴黄酒为代表的麦曲稻米酒的历史最为悠久,是黄酒中最具代表性的产品。

　　绍兴黄酒,又称绍兴酒、绍兴老酒,是中国国家地理标志产品。绍兴黄酒,随着时间的绵延而更为浓烈,越陈越香。

　　2015 年 9 月下旬,中国国家主席习近平访问美国期间,白宫国宴菜单用酒就有绍兴黄酒。在全国众多的酒类中,绍兴黄酒是获奖次数最多的品种之一。

2. 黄酒就是米酒吗？

黄酒，顾名思义是黄颜色的酒，故有人将黄酒翻译成"yellow wine"。其实，黄酒的颜色在古代酒的过滤技术并不成熟时为浑浊状，现在的黄酒也有黑色、红色等不同颜色。黄酒实质上是由谷物酿造而成的，故现在一般用"米酒（rice wine）"表示黄酒。

黄酒虽然是谷物酿造酒的统称，但民间有些地区对本地酿造且局限于本地销售的酒仍保留了一些传统的称谓，如江西的米酒、陕西的稠酒、西藏的青稞酒等。

绍兴黄酒主要呈琥珀色，或橙色，透明澄澈，使人赏心悦目。这种透明琥珀色主要来自原料米和小麦本身的自然色素和适量添加的糖色。

绍兴黄酒香味馥郁。这种芳香不是指某一种特别浓重的香气，而是一种复合香，是由酯类、醇类、醛类、酸类、羰基化合物和酚类等多种成分组成的。这些含香物质来自大米、麦曲本身，以及发酵过程中多种微生物的代谢和贮存期醇与酸的反应，它们结合起来就产生了馥郁的香味。

3. 春秋至南北朝时期黄酒酿造技术如何？

绍兴酒是绍兴的著名特产，生产历史非常悠久。据文献记载，春秋战国时期绍兴酿酒作坊已很普遍。《吕氏春秋》载有越王勾践"投醪劳师"的故事，至今城内尚有"投醪河"遗址。"醪"是一种带糟的浊酒，可见早在两千五百年前的春秋时代，绍兴地区酿酒业已很发达了。

秦汉以来，由于疆土和政治上的统一，社会生产力得到了迅速发展，农业生产水平得到了大幅度提高，为酿酒业的兴起和发展提供了物质基础。

东汉永和五年,会稽太守马臻发动民众围堤筑成"鉴湖",将会稽山的山泉集聚湖内,从而为绍兴的酿酒业提供了丰沛、优质的水源,也为提高绍兴酒质以及日后绍兴黄酒驰名中外奠定了基础。

新汉王莽当权,恢复西汉时期酒的专卖,但当时酒曲的糖化发酵力不高,用量很大,占酿酒用米的50%。东汉末期,出现了我国黄酒酿造的最主要加料方法:补料发酵法(Feed-batch fermentation),现代称之为"喂饭法"。此时,从酒曲的功能来看,其质量大大提高了。

魏晋时期,绍兴名士云集,酿酒、饮酒之风大盛。

到南北朝时,绍兴老酒已成为贡品。梁元帝萧绎在其所著的《金楼子》一书中记载:他幼时读书,"有银瓯一枚,贮山阴甜酒"。

北魏时期贾思勰写下了不朽名著《齐民要术》,这既是一部农业技术专著,也是我国历史上第一部酿酒技术方面的专著。

4. 唐宋时期黄酒酿造技术如何?

唐宋时期,绍兴黄酒的酿造技艺进入全面发展阶段,绍兴成为天下闻名的"酒乡"。

可以这样说,唐宋是我国黄酒酿造技术最辉煌的发展时期。传统的酿造经验在此时期得到了升华,形成了传统的酿造理论、工艺流程和技术措施。唐代流传下来的相关文献资料较少。宋代的《北山酒经》是我国黄酒酿造方面的经典专著。

《北山酒经》借用"五行"学说解释谷物转变成酒的过程。该书记载的黄酒酿造技术较为完善,既继承了远古的古遗六法(《礼记》中的"六必")和北魏《齐民要术》中的酿酒技术精华,又在实践中创造性地提出了许多新的技术。北宋窦苹的《酒谱》对酒及与酒有关的内容进行了多方位描述。《酒名记》一书则记载了北宋时期100多种酒名。

5. 元明清时期黄酒酿造技术如何？

元明清时期,绍兴酿酒业呈现出快速发展之势。清初,沈永和、云集、王宝和等大型酿坊创立。康熙《会稽县志》中有"越酒行天下"之说。

传统的黄酒生产技术自宋代后有所发展,设备也有所改进,但工艺路线基本固定。元明清时期,酿酒的文献资料较多,多见于医书、饮食烹饪书籍、日用百科全书和笔记小说之中。如1330年的《饮膳正要》、元代的《居家必用事类全集》、李时珍的《本草纲目》、明代的《天工开物》和清代的《调鼎集》等。

清代袁枚在《随园食单》中赞美:"绍兴酒如清官廉吏,不参一毫假,而其味方真又如名士耆英,长留人间,阅尽世故而其质愈厚。"《调鼎集》把绍兴黄酒与其他地方的黄酒进行了比较,认为:"像天下酒,有灰者甚多,饮之令人发渴,而绍酒独无;天下酒甜者居多,饮之令人体中满闷,而绍酒之性芳香醇烈,走而不守,故嗜之者为上品,非私评也。"并对绍兴黄酒的品质作了"味甘、色清、气香、力醇之上品唯陈绍兴酒为第一"的概括。这说明绍兴酒在色、香、味、格四个方面已在酒类中独领风骚。

明清笔记小说中也保存了大量与酒有关的历史资料,如《闽小记》记载的清初福建省内的地方名酒、《金瓶梅词话》提及的"金华酒"、《红楼梦》叙及的"绍兴酒"和"惠泉酒"等。

6. 绍兴黄酒在古代的发展如何？

绍兴黄酒历史悠久,两千多年前的《吕氏春秋》和《吴越春秋》对其也早有记载。清代饮食名著《调鼎集》对绍兴黄酒的历史演变、品种和品质进行了较全面的阐述。西汉时天下安定、经济发展、人民生活得到改善,酒的消费量相当可观。东汉时兴修水利,将会稽山的泉水汇集于湖内,为绍兴地方的酿造业提供了丰沛、优质的水源。魏晋之际,权力斗争十分激烈,很多人为了逃避现实,往往纵酒佯狂,此时,酿酒、饮酒之风大盛。宋代的酒税是重要的财政收入之一,故此时期的黄酒生产发展迅速。元明清时期,绍兴酒业进一步发展,新的社会生产力使绍兴酒业攀上了新的高峰,其标志是大酿坊的陆续出现。

7. 绍兴黄酒在近代的发展如何?

自清末至民国初年,由于大酿坊的出现,产量逐年增加,销路不断扩大,于是在各方的协商下,品种、规格和包装形式渐趋统一。"状元红"、"加饭"和"普酿"为三种基本品种,销北方的称为京装,销南方的称为建装或广装。为了扩大和便于销售,有些酿坊还在外地开设酒店、酒馆或酒庄。

这一时期,绍兴黄酒声誉远播中外。1910年的南京劝业会上,谦豫萃、沈永和酿制的绍兴黄酒获金奖。1915年美国巴拿马太平洋万国博览会上,绍兴云集信记酒坊的黄酒获金奖。1929年杭州西湖博览会上,沈永和酒坊的黄酒再次获金奖。

8. 绍兴黄酒在现代的发展如何?

新中国成立后,绍兴黄酒实现了机械化生产,产量逐年上升,酒的品质不断改善,新产品不断研制,销售也在不断发展。今天,绍兴黄酒畅销江、浙、沪、闽等省市,远销日本、东南亚、欧美等30多个国家和地区。绍兴黄酒先后被列为国家"八大""十八大"名酒之一;"古越龙山"绍兴酒成为中国驰名商标,1988年被列为国宴专用酒,1997年成为香港回归庆典特需用酒。

绍兴黄酒作为国礼馈赠过许多国外政要。1952年,周恩来总理多次向国际友人介绍、推荐绍兴酒。他曾经对柬埔寨国家元首西哈努克亲王说过："你有空一定要去绍兴酒厂看一看,尝一尝绍兴黄酒。"同年,周总理亲自指示拨款,修建了绍兴酒中央仓库。作为国家领导人,周恩来很清楚黄酒这一传统瑰宝的经济价值和文化价值。作为一个绍兴人,周恩来对家乡这一特产也充满自豪并由衷地喜爱。1954 年的日内瓦会议上,中国作为一个东方大国,首次在国际外交舞台亮相,周总理喝的就是绍兴黄酒和茅台酒。1959 年秋,邓颖超视察绍兴,在参观绍兴酒厂时说："恩来很喜欢绍兴黄酒,也喜欢喝一点。"直到晚年,周总理还保持着绍兴黄酒加温后饮用,以及用花生、豆腐干下酒的传统习惯。

邓小平对绍兴黄酒也是情有独钟,晚年每天要喝一杯。1985 年9 月,他与美国前总统尼克松共进午餐时,席间上了"古越龙山"牌绍兴加饭酒,尼克松喝了大为赞叹,说这种酒很好喝。午餐后,邓小平又送给尼克松 4 瓶精装的"古越龙山"绍兴加饭酒作为礼品。

1995 年 5 月,江泽民在绍兴黄酒集团视察时,称绍兴黄酒是"最好的酒",并嘱咐大家"要好好保护"。

9. 绍兴有名的酒坊和酒厂有哪些?

明清时期,绍兴的大酿坊不断涌现。如绍兴县东浦镇的"孝贞""王宝和",湖塘乡的"叶万源""田德润""章万润",城内的"沈永和"等。自乾隆以后,出现了东浦镇的"越明""贤良""诚实""汤元元""陈忠义""中山""云集",阮社乡的"章东明""高长兴""善元泰""茅万茂",双梅乡的"萧忠义""潘大兴",马山镇的"谦豫萃",马安乡的"言茂元"等。

现代绍兴酒业中影响和规模较大的有绍兴黄酒集团、会稽山绍兴酒有限公司、绍兴东风酒厂、绍兴女儿红酒业公司、中粮绍兴酒有限公司、浙江塔牌酒厂、浙江东方绍兴酒有限公司、绍兴县唐宋酒业有限公司等。

10. 绍兴黄酒的酿造技术可分为哪几个发展阶段？

绍兴黄酒的酿造技术可分为以下三个发展阶段：

第一阶段是自然发酵阶段。历经数千年,传统发酵技术日趋成熟。人们主要是凭经验酿酒,生产规模小,基本上以手工操作为主,酒的质量也参差不齐。

第二阶段始于民国。由于引入了西方的微生物学、生物化学和工程学等科技知识,传统的酿酒技术发生了巨大变化,使得生产劳动强度大大降低,机械化水平提高,酒的质量有了保障。一些学者开始用西方的酿酒理论来阐述黄酒的生产过程,也出版了一些专著。

第三阶段始于新中国成立后。黄酒的生产技术有了新的突破,机械化、现代化的生产流程逐渐建立,使得黄酒的产量有了很大的提高。黄酒国家标准的制订确保了黄酒的质量和品质。

黄酒的品种

11. 黄酒的品种有哪些?

黄酒经过几千年的发展,其家族成员不断扩大,品种繁多,命名各异。

(1)按产地命名:如绍兴酒、金华酒、丹阳酒、九江封缸酒、山东兰陵酒、福建龙岩沉缸酒、福建老酒、山东即墨老酒等。

(2)按某种类型酒的代表命名:如"加饭酒"和"花雕酒"为半干型黄酒;"善酿酒"为半甜型黄酒;"封缸酒"(绍兴地区称其为"香雪酒")为甜型或浓甜型黄酒。

(3)按酒的外观(颜色、浊度等)命名:如清酒、浊酒、白酒、黄酒、红酒(红曲酿造的酒)等。

(4)按酒的原料命名:如糯米酒、黑米酒、玉米黄酒、青稞酒、粟米酒等。

(5)按地方习惯命名:如江西水酒、陕西稠酒、江南老白酒、绍兴酒娘(半固态状)。

12. 国家标准中黄酒是如何分类的?

按黄酒的含糖量将其分为 6 大类。

(1)干黄酒:含糖量少,小于 1.0 克/100 毫升(以葡萄糖计)。属稀醪发酵,总加水量为原料米的 3 倍。发酵温度低,酵母生长旺盛,故发酵彻底,残糖很低。绍兴的"元红酒"是其代表。

(2)半干黄酒:含糖量为 1.0～3.0 克/100 毫升。发酵过程要求高,酒质浓厚,口味佳,可长久贮藏,是黄酒中的上品,多为出口酒。绍兴"加饭酒"是其代表。

(3)半甜黄酒:含糖量为 3.0～10.0 克/100 毫升。是用成品酒兑水发酵而成,此类黄酒酒香浓郁,味甘甜醇厚,是黄酒中的珍品,但不宜久存。

(4)甜黄酒:含糖量为 10.0～20.0 克/100 毫升。采用淋饭操作法,先酿成甜酒酿,后加入酒度 40%～50% 的米白酒或糟烧酒,酒精度较高,可常年生产。

(5)浓甜黄酒:含糖量≥20.0 克/100 毫升。

(6)加香黄酒:以黄酒为酒基,经浸泡或复蒸芳香动、植物或加入芳香动、植物的浸出液而制成黄酒。

13. 按酿造方法可将黄酒分为哪几类?

按酿造方法可将黄酒分为 3 类。

(1)淋饭酒:是指将蒸熟的米饭用冷水淋凉,后拌入酒药粉末,搭窝、糖化,最后加水发酵成酒。口味较淡,可用来作酒母(即"淋饭酒母")。

(2)摊饭酒:是指将蒸熟的米饭摊在竹篾上,使之在空气中冷却,后加入麦曲淋饭酒母、浸米浆水等,混合后直接进行发酵而成。

(3)喂饭法:米饭分批加入而发酵成酒。

14. 按原料和酿酒用曲可将黄酒分为哪几类?

按原料不同可将黄酒分为稻米黄酒和非稻米黄酒两类。按酿酒用曲的种类可将黄酒分为小曲黄酒、生麦曲黄酒、熟麦曲黄酒、纯种曲黄酒、红曲黄酒、黄衣红曲黄酒、乌衣红曲黄酒等。福建老酒是红曲稻米黄酒的典型代表。另外,市场上还有滋补型、水果型、花卉型、强化型、瓜菜型、复合型黄酒产品。

15. 黄酒的原料有哪些?

黄酒是用谷物作为原料,用麦曲或小曲做糖化发酵剂制成的酿造酒。传统原料为糯米和粟米,山东即墨老酒是北方粟米黄酒的典型代表,绍兴黄酒是南方稻米黄酒的代表性产品。北方以粟(粱、小米)为主,南方则以稻米为主。南宋时期,烧酒开始生产,至元朝在北方得到普及,北方的黄酒生产逐渐萎缩,而南方绍兴一带的黄酒生产方兴未艾。

由于糯米产量低,不能满足黄酒酿造的需要,后通过改革米饭的蒸煮方法,实现了用籼米和粳米来替代糯米的工艺目标。20 世纪 80 年代,还成功试验了玉米黄酒、地瓜黄酒等新品种。米饭的蒸煮由锅炉、蒸汽供热,已采用洗米机、淋饭机、蒸饭机等机械化设备,原料米的输送也实现了机械化。

16. 绍兴黄酒包括哪些品种?

绍兴黄酒包括 4 个主要品种。

(1)元红酒:也称"状元红",是绍兴黄酒的大宗产品,因其酒坛壁外刷朱红色而得名。酒色呈琥珀或橙黄,酒度 16 度左右,口味清爽,甘甜鲜美。

(2)加饭酒:也称"肉子厚",是绍兴黄酒中的佳品。经多年贮存即为"花雕酒"。原料配比水少而饭多,故酒质醇厚、郁香甘鲜。酒度18 度。按浙江绍兴一带的地方风俗,民间生女之年要酿造数坛黄酒,泥封窖藏,待女长大结婚之日取出宴请宾客,即是花雕酒中著名的"女儿红"。

(3)善酿:属半甜型黄酒。以陈元红酒兑水酿造而成,因其味甘醇芳香、口味独特、鲜爽质厚,人称"好酒"而得"善酿"之名。

(4)香雪酒:用糯米饭、酒药和糟烧酿制而成。其工艺独特,酒糟色如白雪,酒液淡黄清亮,芳香幽雅、味醇浓甜,故取名"香雪"。酒度约 20 度左右。

17. 绍兴黄酒酿造工艺有哪些特色?

(1)浸米:传统工艺是冬天浸米,为 16~18 天,使大米吸水膨胀、便于蒸煮。

(2)蒸煮:将浸米放入饭甑蒸煮,其要求是米饭颗粒分明,外硬内软,内无白心,疏松不糊,熟而不烂,均匀一致。

(3)摊饭:其目的是冷却蒸熟的米饭。早期是将米饭摊在竹簟上自然冷却,现采用风冷和水冷两种方法。

(4)落缸发酵:将冷却至一定温度的米饭与麦曲、淋饭、水一起落缸拌和进行发酵。落缸一定时间后适时"开耙"(前发酵),这是酿酒过程中的一项关键性技术。

(5)压榨:将发酵醪液中的酒(生酒)和固体糟粕分离,生酒中的大分子糊精和蛋白质沉淀后的上清液为成品酒。

(6)煎酒:其目的一是杀死微生物、破坏残余酶的活力,使酒中的各种成分稳定;二是促进酒的成熟,使其色泽更加清晰透明。

(7)贮存:清洁酒坛,外刷石灰浆水,灌坛后,将荷叶、灯盏、坊单和箬壳覆盖坛口,扎紧后糊上泥头,干燥后入库贮存。

18. 绍兴黄酒成为酒林珍品的原因是什么?

绍兴地区气候温和,四季分明。境内河网交织、湖泊众多,有"江南水乡"之美誉。优越的自然和地理环境有利于酿酒用的有益菌种的繁育。绍兴黄酒的工艺技术经历了几千年的改革和发展,积累了极为丰富的酿造经验。绍兴黄酒之所以名扬四海,独树一帜,一是有好水酿酒,二是用料精良,三是有一套独套技艺,人们将得天独厚的绍兴鉴湖水、上等精白糯米和优良黄皮小麦称为"酒中血"、"酒中肉"和"酒中骨"。

19．酒药和麦曲在酿酒中有何作用?

绍兴黄酒的酿造技术是一门综合性的发酵工程学,涉及化学、微生物、食品、营养等多个学科。曲的发现是我国古代劳动人民的伟大贡献,被称为中国的第五大发明。明代《天工开物》记载:"凡酿酒,必资曲药成信,无曲即佳米珍黍,空造不成。"说明了酒药和麦曲在酿酒中的重要作用。

(1)酒药:又称小曲、白药、酒饼,是我国独特的酿酒用糖化发酵剂,也是我国优异的酿酒菌种保存制剂。东晋浙江上虞人嵇含的《南方草木状》中首次论及"小曲"(药曲)。酒药分白药、黑药两种,白药作用较猛烈,是目前绍兴酒传统工艺中常用的酒药;黑药则是用早籼米粉和辣蓼草为原料,再加入陈皮、花椒、甘草、苍术等中药而制成,作用较缓和,现已基本绝迹。

(2)麦曲:粮食原料在适当的水分和温度条件下繁殖培养具有糖化作用的微生物制剂,叫作制曲。作为绍兴酒糖化剂的麦曲不仅给酒的酿造提供了各种酶(主要为淀粉酶),而且麦曲内积累的微生物代谢产物给予绍兴酒以独特的风味。麦曲成于桂花盛开时节(8、9月间),故称为"桂花曲"。20 世纪 70 年代,绍兴酒厂拥有"草包曲"和"块曲"等麦曲。成熟的麦曲曲花为黄绿色,含有黄曲霉(最多)、根霉和毛霉(次之)、黑曲霉、青霉及酵母、细菌等。

20．什么叫淋饭酒?

淋饭酒又称"酒娘""酒母",意为"制酒之母",是酿造摊饭酒的发酵剂。一般在"小雪"前开始生产。工艺流程为:糯米→过筛→加水浸渍→蒸煮→淋水冷却→搭窝→冲缸→开耙发酵→灌坛后发酵→淋饭酒(醅)。经 20 天左右的养醅发酵即可作为摊饭酒的酒母使用。因采用的是将蒸熟的饭用冷水淋冷的操作方法,故称为"淋饭法"制酒。淋饭酒娘在使用前应采用化学分析和感官鉴定方法,挑选出酒精浓度高、酸度低、品味老嫩适中、爽口无异杂气味的优良酒醅作为摊饭酒的酒母,故称之为"拣娘"。酒娘对摊饭酒的正常发酵和生产的顺利进行有着十分重要的意义。

21. 什么叫摊饭酒?

摊饭酒又称"大饭酒",是正式酿制的绍兴酒成品,一般在"大雪"前后开始酿制,工艺流程为:糯米→过筛→浸渍→蒸煮→摊冷(清水、浆水、麦曲、酒母)→落缸→前发酵(灌坛)→后发酵→压榨→澄清→煎酒→成品。因采用的是将蒸熟的米饭倒在竹簟上摊冷的操作方法,故称为"摊饭法"制酒。因竹簟占场地,冷却速度又慢,现改为用鼓风机吹冷的方法,加快了生产速度。摊饭法酿酒工艺是边糖化、边发酵,故也称为"复式发酵"。摊饭酒的前后发酵时间达 90 天左右,是各类黄酒醅期最长的一种生产方法,所以,该酒风味优厚,质量上乘,深受人们的喜爱。

22. 绍兴黄酒的设备、工艺有何特点?

千百年来,绍兴酿酒业受传统工艺和季节气温的制约,以手工操作为主,以作坊作为生产场所,设施简陋,劳动强度大,生产周期长,产量少。近几十年来,面对不断增长的国内外需求,绍兴酒业界掀起了一场又一场的技术革新和技术革命运动。20 世纪 60 年代以板框式空气压滤替代木榨榨酒;70 年代以卧式连续蒸饭机替代木桶蒸饭,以列管式杀菌器替代锡制圆盘肠杀菌;80 年代为提高煎酒产量和质量研制了薄板式热交换器,用大铁罐浸米工序代替陶缸,用金属大罐前、后发酵代替陶坛、陶缸等。1985年,绍兴黄酒集团率先建成投产了机械化新工艺车间,用纯种酵母菌和糖化菌替代自然菌种发酵,不仅缩短了生产周期,而且使黄酒的质量更加稳定。目前,黄酒生产的科技含量高,对自然季节性的依赖小,可常年生产,进入了一个良性发展时期,有利于对绍兴酒发酵机制的进一步探索和发酵理论的进一步完善。

23. 绍兴黄酒的成品包装有何特点?

绍兴酒自古以来都采用25公斤容量的大陶坛盛装,即使存放几十年也不会变质。绍兴酒"越陈越香"主要是靠陶坛贮存的包装形式来实现的。陶坛贮存的缺点是搬运、堆叠劳动强度大,外表粗糙不美观,占库存面积大,贮存期酒的损耗多等。从20世纪90年代开始,绍兴黄酒集团和东风酒厂率先试用50立方米的不锈钢大容器贮酒,获得成功。自20世纪80年代起,绍兴酒业为发展各自的品牌,努力改革设备落后的小包装生产线,扩建新的小包装生产线。绍兴酒业已拥有多条大型自动化灌装流水线和自动化瓶装流水线。绍兴黄酒集团从比利时引进了一条年产2.2万吨玻璃瓶的全自动生产线,能生产500~700毫升各类型壁薄质轻的棕色玻璃瓶。随着绍兴酒业瓶装生产线的迅速发展,高档酒、花色酒均采用玻璃、陶、瓷等材质的小包装供应国内外市场。绍兴黄酒集团还拥有一条金属易拉罐灌装生产线,使多种多样、美观大方的小包装黄酒畅销全球。

24. 绍兴黄酒的陶制饮具有哪些?

(1)黑陶杯:绍兴最早的饮器是陶制品,良渚文化和绍兴马鞍新石器时代的陶器造型较河姆渡文化时期规整、精巧。20世纪70年代初,绍兴西施山遗址出土的陶杯呈柄形、有把手,工艺精细,是古越酒具中的杰出代表。

（2）印纹陶鸭形壶：属商代酒具。1979年绍兴富盛镇和1984年绍兴上虞樟塘乡发掘的龙窑中出土了印纹硬陶,壶形似鸭,扁长,灰褐色,器表印有花纹。

（3）原始瓷器（盉、盂、尊）：1989年绍兴上灶乡发现了一批我国原始青瓷,其中盛酒器5件。绍兴漓渚发掘的231座战国墓中,原始瓷占40%,此类酒具胎质坚实,制作精美,式样众多,纹饰讲究,便于洗涤,具有很高的审美价值。

（4）圆形壶、钟、耳杯：秦汉时期,成熟瓷由越窑产出,出现了包括酒具在内的各种青瓷。钟的形状与壶相似,唯底部圈足增高。耳杯呈椭圆形,两侧附耳,用黏土作胎,外施酱色釉,造型纤巧,方便使用。王羲之兰亭聚会,曲水流觞所用的"觞"即是耳杯。

（5）鸟形杯、扁壶、鸡头壶：三国、两晋和南北朝时期,绍兴地区相对稳定,饮酒风俗大盛,酒具的发展也很快。1974年上虞百官出土的鸟形杯,以半圆形杯体为腹,前贴鸟头、双翼和足,后装鸟尾,酷似飞鸟。

（6）高足杯、执壶：隋唐时期,越瓷生产进入高峰时期。当时,绍兴酒具主要是高足杯、圈足直筒杯、带柄小杯、曲腹圈足杯和海棠杯等,另外,越碗也是饮酒的主要用具。盛酒器主要为执壶,约可装1斤酒,造型考究。另外,与执壶相似的还有一种盘口壶;绍兴上虞等地还有一种多角瓶。

（7）瓜棱壶、提梁壶、玉壶春瓶、梅瓶、韩瓶：宋元时期,绍兴的酒具渐趋多样化和地方化。玉壶春瓶最为常用。梅瓶为小口、短颈、深腹,较实用,且易于封口。韩瓶状如梅瓶,质地粗糙,容量小,为民间低档酒瓶。

（8）酒壶、烫酒壶、烫酒杯、酒盅：明清时期,绍兴酒具的质量和原料越来越高级,造型精巧、高贵。绍兴酒最好是热了喝,所以烫酒壶和烫酒杯特别受人欢迎。

25. 绍兴黄酒的非陶制饮具有哪些?

(1)锡制酒具:始于明代,盛行于清代和民国。有酒壶和烫酒壶两种,具有不透水、不受潮、易密封等特点。

(2)金银制酒具:起源早,至明代较为多见。一般10只一套,放于木匣内,可作礼物馈赠。

(3)景泰蓝酒具:绍兴的景泰蓝酒具很多,有酒壶、烫酒壶、烫酒杯、酒盅等。此类酒具与金银制酒具一样,多为上层人士和富贵人家所用。

(4)角制酒具:多为犀牛角制,最多的是杯和盅。出现较早,古时称为"觥"。相传用犀牛角做的酒具可以祛火消炎、降低血压、防毒除害等。

(5)竹制酒具:绍兴、诸暨、新昌一带盛产毛竹,竹制酒具有圆形、扁形两种,大的可盛1斤酒,小的也可盛半斤左右。

(6)铁制佘筒:绍兴一带酒店常用一种铁皮制温酒器,名为佘筒,大的可盛5斤酒,小的也可盛1斤酒。

26. 绍兴酒俗有哪些?

自古以来,绍兴无处不酿酒,无处没酒家,不论山区平原,不论城镇乡村。又无论官宦绅士,还是市井百姓,都对酒有着很深的情结。酒成了绍兴人生活的一部分,成了绍兴人生产活动的重要内容,于是各种各样的酒俗也随之形成,包括婚嫁酒、生丧酒、岁时酒、时节酒、生活酒等酒俗。

27. 什么叫婚嫁酒和生丧酒?

绍兴作为著名酒乡,以酒为纳采之礼和陪嫁之物,其中,"女儿红"最具代表性。"女儿红"在女儿出生后就着手酿制,藏于干燥的地窖中,或埋于泥土下,或打入夹墙之内,待女儿长大出嫁时,才起出请客或作为陪嫁之用。民间生男孩时也酿酒,并在酒坛上涂以朱红,故名为"状元红"。盛"女儿红"的"花雕酒坛"图案各异,彩绘吉祥,祝愿和谐。"女儿红"原是加饭酒,因装入花雕酒坛而又名为花雕酒,这种酒存放时间可长达 20 年,启封时,异香扑鼻,满室芬芳。在绍兴的婚嫁酒俗中,除"女儿红"外,还有"会亲酒""送庚酒""纳采酒""订婚酒"等。婚礼上新人喝"交杯酒"是绍兴婚嫁酒俗中的又一独特之处。

生丧酒包括以下几种。(1)剃头酒:孩子满月剃头时,家里要祀神祭祖,摆酒宴请亲朋好友。(2)得周酒:孩子一周岁时称为"得周",此时,孩子已牙牙学语,在酒席间,由大人抱着按序介绍长辈,让孩子称呼,一番天伦之乐的景象。(3)寿酒:每逢十为寿。在绍兴办寿酒十分讲究,民谚说,"十岁做寿外婆家,二十岁做寿丈母家,三十岁要做,四十岁要开,五十自己做,六十儿孙做,七十、八十开贺"。(4)白事酒:即"丧酒""豆腐饭",菜肴以素斋为主,故又称"素酒"。绍兴旧俗中,长寿仙逝为"白喜事"。

28. 什么叫岁时酒、时节酒和生活酒?

岁时酒包括以下几种。(1)散福酒:祝福的日子一般在腊月二十夜至三十日之间,不得越过立春。前半夜烧煮福礼,次日凌晨开始祭神,祭祀完毕后全家围坐喝酒,即为"散福"。(2)分岁酒:即"新岁酒",除夕夜全家一起围坐吃喝,欢快异常。(3)元宵酒:农历正月十五日元宵(上元)节,绍兴风俗除观花灯、猜谜语外,晚上全家一起喝元宵酒,次日早晨吃"汤团"。(4)挂像、落像酒:每逢腊月二十前后和正月十八,都分别要把祖宗神像"请出"挂在堂前和"请"下来藏于柜内,并办酒以祭祀先祖。

时节酒包括以下几种。(1)清明酒:绍兴人清明祭扫祖坟,将酒菜在坟地祭过后送给"坟亲"享用,家人一起在家喝清明酒。也有人仅在家中摆酒祭奠祖先,俗称"堂祭"。(2)端午酒:农历五月初五端午节,绍兴人在家门前挂菖蒲、艾以避邪,家家户户都要打扫卫生,中午要喝端午酒,菜肴中必有"五黄"(黄鱼、黄鳝、黄瓜、黄酒和黄梅)。(3)七月半酒:农历七月十五又称中元鬼节,旧时人们常在河中点河灯,任其飘荡。有的地方要演 3 天"社戏"。(4)冬至酒:绍兴民间有冬至给亡者送寒衣的习俗,焚化纸做寒衣供亡者"御寒"。活动结束后,亲朋好友聚饮"冬至酒"。

生活酒包括以下几种。(1)新居酒:可分为造房与乔迁两大类。(2)和解酒:以酒为"中介"调解人与人之间的矛盾和纠纷。(3)宴宾酒:如"洗尘酒""接风酒""饯行酒""送别酒""谢情酒""罚酒""会酒""仰天酒"等。

29. 绍兴酒令有哪些?

酒令系我国独有的一种饮酒场合的游戏,是酒文化的一个重要组成部分,历史像酒一样悠久。旧时设立酒令并不是一种游戏,而是作为一个"执法官",目的在于禁止酗酒,后慢慢向游戏方向发展,以酒令来活跃聚饮时的气氛,此时令官的作用是监督游戏的公正性及执行罚酒任务。至隋唐时,宴席行酒令已蔚然成风,酒令的形式也多了起来。行酒令以文学题材为主要内容,常见的酒令有字词令、诗语令、拳令、通令、花鸟鱼虫令、筹令等。

30. 什么叫字词令和诗语令?

字词令类:

(1)车名令:每人说一车名,说不出者罚酒一杯,重复者也罚酒一杯,如火车、汽车、马车、牛车、货车等。

(2)倒顺字令:每人说一词,倒过来又成一词,说不出或说错者罚酒一杯。如茶花—花茶,故事—事故,中国—国中,柴山—山柴,手机—机手,等等。

诗语令类:

(1)成语相对令:每人说一对意思相反的成语,说不出者受罚。如:理直气壮—理屈词穷,救死扶伤—落井下石,畅所欲言—吞吞吐吐。

(2)三字同头、同边令:要求说一句顺口溜,第一句必须三字同头,第二句三字同边,并组成意思相关的语句,如:"三字同头葫芦茶,三字同边腮腺肿,要治腮腺肿,请喝葫芦茶。""三字同头芙蓉菊,三字同边杨柳槐,要观杨柳槐,先赏芙蓉菊。""三字同头官宦家,三字同边绸缎纱,要穿绸缎纱,请到官宦家。""三字同头大丈夫,三字同边江海湖,要游江海湖,是我大丈夫。"

(3)数字成语令:第一人说一成语必有"一"字,第二人的成语必有"二"字,以下类推,说不出者罚酒。如:"一代词宗,二人同心,三顾茅庐,四面受敌,五谷丰登,六神无主,七步之才,八面玲珑,九霄云外,十年寒窗。"又如一个成语中有两个数字:"一刀两断,二八佳人,三令五申,四分五裂,五颜六色,六街三市,七零八落,八九不离十,九牛一毛,十全十美。"

31. 什么叫花草鱼虫令?

(1)报花名令:每人报一种花名,内须含某一种动物名,如牵牛花—牛,鸡冠花—鸡,杜鹃花—杜鹃等。

(2)花木脱胎令:每人说一种花,不得有草头、木旁,不能带花字,如夜来香、映山红、仙人掌、百合、水仙等。

(3)逐月报花令:行令者从一月至腊月依次报出花名,说不上者罚两杯,说错者罚一杯。如正月茶花、二月梨花、三月桃花、四月牡丹花、五月石榴花、六月荷花……。

32. 什么叫骰子令?

骰子为酒筹令类之一。筹即为绍兴人之签,上刻诗词、人物,置于筒中,临席摇扯,对景即饮,每筹下注明饮酒对象及酒量。因事先制作,客观公允,常出人意料,令人捧腹。骰子,又称豆子、色子,用骨或硕木制成,原作赌酒用,后改用为酒令工具。酒席上有用一二枚的,也有用五六枚的,按不同骰令而定。骰子放筒中,轮流摇动,一经摇出,按对点依酒令饮酒。摇筒快速,无技法可言,全由摇出骰子数而定。摇骰子时气氛热烈,众人凝神屏息,既紧张,又欢乐。

(1)猜点令:令官用两个骰子摇,全席人猜点数,不中者自饮,中者则令官饮巨杯。

(2)点将令:骰子递摇,得四为帅。下座再摇得帅,甲乙两帅猜拳,甲胜即点座中某人为将;乙胜也点某将应战,两将猜拳,败者饮酒。一方之将败完,帅亲自应战,败则饮大杯,又斟一巨杯,由败将分饮。

(3)卖酒令:令官斟一巨杯,全席用两个骰子递摇,有一者买一杯,无一则罢,所剩之酒由令官自饮。

(4)五日延龄令:用两个骰子摇,得五点为庆赏端阳,全席皆饮;点多,上一位饮,点少,下一位饮。

33. 什么叫拳令?

拳令也是酒筹令类之一。拳令又叫猜拳、豁拳、划拳,是绍兴人最流行的酒令。其优点是:(1)适用面广,老少皆宜,雅俗共赏。(2)娱乐性强。在结婚喜宴、新年家宴、老人寿宴、团体欢宴等各种宴席上猜拳,气氛非常热闹,众人情绪高昂,争呼斗叫,痛快淋漓,一人胜利,举座瞩目,且在呼叫过程中挥发酒精,利于多饮。(3)有一定技巧性。猜拳看似简单,但参与者神情关注,运思敏捷,瞬息变化、妙趣无常,故为人所乐用。绍兴猜拳还多用吉祥数字,以示吉利、祝颂之意,如魁首、两相好、连中三元(三元)、四季发财、五子登科或五魁首、六六顺风、七巧、八仙过海、九久长寿、全家福或十全如意。猜拳一般是两人对猜。

(1)对座猜拳:全席对坐,各猜三拳,败者饮。最后全席共饮,满座生香。

(2)摆擂台令:令官先饮大杯后高坐摆擂,有来挑战者,先饮一大杯,然后开拳,输则退下,输后亦可再次挑战。若擂主输,让坐,胜者为新擂主,直至无人再敢索战止。

(3)空拳:两人出指互猜,若不分胜负,则由两人左右邻各饮一杯;若两人出指一样,猜喊又同,叫作手口相应,合席同饮;分胜负者皆不饮,故谓空拳。

(4)打通关:先与第一人猜,胜了依次与第二人猜,再胜与第三人猜,凡败者饮一杯。如第三关败了,就退而与第二关再猜,如胜再进一关,如败则再退至第一关,全席打完为胜。

(5)过桥拳:用套杯排列,大杯为桥顶,两头逐渐而小。互相猜拳,输者从小杯饮起,逐渐而大,到桥顶依次而下。

(6)五行生克令:大拇指为金,食指为木,中指为水,无名指为火,小指为土。胜负办法是:金克木,木克土,土克水,水克火,火克金。

34. 如何选购和保藏绍兴黄酒?

选购绍兴黄酒时应注意:

(1)在正规的大型商场或超市中购买黄酒产品。这些经销企业对经销的产品一般都有进货把关,经销的产品质量和售后服务有保证。

(2)选购大型企业或有品牌的企业生产的产品,这些企业管理规范,生产条件和设备较好,产品质量较稳定。

(3)选购时可从产品名称、含糖量来判别产品的类型,以选择适合自己需要的黄酒种类。

(4)黄酒产品执行的国家标准为 GB/T 13662、GB/T 17946 等。

(5)酒液呈黄褐色或红褐色,清亮透明,允许有少量沉淀。

保藏方法:绍兴酒属低度酒,一般放置在 15℃ 以下环境中较好,最好贮藏在阴凉干燥的地方,地下室或地窖则更佳。箱内冷藏,不能倒入金属器具中,否则容易氧化,降低酒质。黄酒贮存一段时间后会出现沉淀,这是酒中的蛋白质凝固所致,不影响酒质,经 50~60℃ 水浴加温,蛋白质即溶解而酒色复呈透明。

黄酒的功能因子和保健作用

35. 什么是适度饮酒？

从保健方面讲,适量饮酒可以提高人体免疫力,增进食欲,并有利于睡眠。另外,现代医学已观察到,适量乙醇可以抑制动脉硬化斑块的形成。临床研究证实,少量饮酒可以显著改善老年人的衰老症状,如改善老年人的睡眠、食欲、体力、畏寒肢冷和性功能等。

少量饮酒对冠心病患者无害,甚至是有利的,但大量酗酒易诱发心绞痛、心肌梗死和心律失常。冠心病患者既往有饮酒习惯且不希望放弃的,可少量、间歇饮酒,以饮低度绍兴黄酒为宜。相关统计资料表明,少量饮酒的人发生心梗的机会比不饮酒者低 40%。冠心病患者饮酒时应注意饮低度绍兴黄酒,而不应饮烈性酒(高度白酒);忌天天饮酒,应控制饮酒量;情绪不佳和空腹时不要饮酒。

适度饮酒应从三个方面着手:一是饮酒次数。绝不能一天两顿或天天喝、顿顿喝,也不能连着应酬喝好几天。一周适量喝 1～2 次还是可行的。二是酒量要因人而异,不能超过个体承受范围。一般来说,每次饮酒量不能超过 300 毫升黄酒。三是一定量的酒在适合的场合饮用才算适度。

36. 饮酒的量多少才合适？

中国古代医学认为,"酒为水谷之气,味甘辛、性热,入心、肝二经"。适量饮酒有畅通血脉、活血行气、祛风散寒、健脾胃及引药上行、助药力之功效。大量酗酒,则适得其反。对于这个问题,李时珍在《本草纲目》中说得很清楚:"酒少饮则和血行气,痛饮则伤神耗血,损胃之精,生痰动炎。"现代医学认为,酒的效应对人有益还是有害,取决于"量"的大小。以大脑为例,少量的酒能使之兴奋,激起人的豪情和勇气;过量时则使人麻痹,使人失去控制,丧失理智。酒对人体的作用也符合"量变引起质变"的辩证法原理。研究显示,如果以血液的酒精浓度为1,那么,肝脏中的酒精浓度就是1.48,脑脊液中的就是1.59,而脑组织中的则是1.75。这就解释了大脑何以对酒精格外敏感的原因。酒精能刺激主管想象力和创造力的右脑,也能麻木主管记忆力和自控能力的左脑,少量饮酒能兴奋右脑,使人浮想联翩,而大量饮酒后出现的醉态,则是左脑被麻痹的结果。美国和日本的医学研究人员还发现,少量饮酒能使血中的高密度脂蛋白升高,有利于胆固醇从动脉壁向肝脏转移,并能促进纤维蛋白溶解,减少血小板聚集,促进血液循环通畅,减少血栓形成,因而有利于减少冠心病的发生和猝死的机会。

多数人主张每日饮 60 度白酒不超过 25 毫升;一般色酒、黄酒、加饭酒不超过 100~200 毫升;啤酒不超过 300~400 毫升。

根据病理学资料分析,避免肝脏受损的安全饮酒量最高限度是每日每公斤体重 1 克酒精,相当于 60 公斤体重的人饮 60% 的白酒,最多 2 两,每日饮 1.5~2 两较安全。空腹饮酒,对人体有危害;如超量饮酒可使胃肠道黏膜受损。饮酒时,若有脂肪、牛奶、甜饮料同时摄入,酒精的吸收速度可降低,但同时饮碳酸饮料则会加速酒精的吸收。因此,必须合理饮用白酒和黄酒,应做到:(1)每日饮白酒限制在 2 两以内,饮低度黄酒限制在 3 两以内;(2)不要空腹饮酒;(3)尽量饮低度酒,建议饮黄酒或葡萄酒;(4)饮酒的同时应辅以菜肴;(5)文明饮酒,不要强行劝酒、狂饮、酗酒;(6)饮白酒时不要同时饮碳酸饮料(如苏打水、可乐、雪碧)等。美国的一份研究报告认为,"喜饮酒者男士每日乙醇限量应为 30 克,女士为 20 克,最好在餐桌上饮用"。

适量饮酒,有助于消除疲劳,促进身心健康。喜欢饮酒者可根据自己的爱好,自由选用不同的酒种,但切记必须适量。

37. 饮酒最佳的间隔时间是多少?

每次饮酒都要适度,并且各次之间要间隔适当的时间,这样才不影响身体健康。饮酒间隔多长时间才算适度呢?据专家研究,一般每次饮酒的间隔时间在 3 天以上较适宜。人饮酒后,脂肪容易堆积在肝内,酒精会刺激胃黏膜并使之遭受损伤。一个身体健康的人,酒后机体恢复正常一般需 3 天左右的时间。

酒精在体内一旦被分解成乙醛,再经过 6~10 小时,就会被分解成水和二氧化碳。这些水和二氧化碳通过尿液和汗液排泄,或经呼吸过程从肺里排出。在这个过程中,乙醛或直接破坏肝组织,或使肝内积累脂肪而形成脂肪肝。一般健康人体内酒精浓度达 0.08% 时,便会使肝脏受到损害。

专家指出,频繁而过量地饮酒会引起急性胃炎、急性胰腺炎。饮用烈性酒会直接刺激胃黏膜,引起急性胃炎,严重时还会引起胃出血和溃疡。因此,饮酒必须有间隔,而且一定要适量。

38. 适量饮酒对健康有益有哪些证据?

最近,国外的一系列大型临床流行病学调查发现,适量饮酒者罹患致死与非致死性冠心病的风险比不饮酒者要低得多。国外对 51 项研究所作的综合分析显示,每日饮酒少于 20 克,可使冠心病风险减少 20%。在糖尿病、高血压、陈旧性心肌梗死患者中,也得到同样的结果;而糖尿病、高血压又常与冠心病合并存在。适量饮酒对人体的益处,与酒精能升高高密度脂蛋白(可防治动脉粥样硬化的发生、发展)、抗血小板血栓形成、提高人体对胰岛素的敏感性等有关,通过这些机制来预防冠心病的发生和发展。由于慢性心衰是老年人群致死的主要原因,美国 Abramson 医师对 2235 名老人进行了适量饮酒与慢性心衰风险关系的研究,结果显示,适量饮酒者慢性心衰的发生率几乎减少 50％。对有心梗史或左心室功能障碍者不主张终生忌酒,可鼓励适量饮酒。可见,适量饮酒有益于心脏健康,但过量肯定有害。

适量饮酒能延年益寿。有关专家的研究显示,适量饮酒比滴酒不沾者要健康长寿。美国一大学生物统计学者以 94 对兄弟为对象,进行长期的追踪调查。这 94 对兄弟每一对都是一个适量饮酒,而另一个滴酒不沾。结果表明,适量饮酒者比滴酒不沾者长寿。

一个人进入老年之后喝点酒,能舒筋活血,有利于身体健康。法国男性的平均寿命为 75 岁,女性为 83 岁,在欧洲首屈一指。谈起法国人健康长寿的秘诀,不少人都认为与长期适量饮用葡萄酒有关。

39. 黄酒对人体健康有哪些好处？

黄酒对人体健康的好处包括:

(1)黄酒是一种很好的营养剂。黄酒中含有低聚糖、糊精、有机物、氨基酸和各种维生素等,具有很高的营养价值。

(2)适量饮酒可促进消化。人到中年后,消化系统的功能开始下降,如饭前适量饮酒,可促进胰液和其他消化酶的大量分泌,从而增强胃肠道对食物的消化和吸收。

(3)适量饮酒可减轻心脏负担,预防心血管疾病。少量饮酒可扩张血管,使血压降低;可扩张冠状动脉,使心绞痛发生减少;可升高体内高密度脂蛋白;可抑制血小板聚集并增强纤维蛋白的溶解等。

(4)适量饮酒可加速血液循环,有效地调节和改善体内的生化代谢和神经传导。

(5)适量饮酒有益于人们的身心健康,可缓解人们的忧虑和紧张心理,增强安定感,提高生活情趣,增加和谐气氛,提高睡眠质量等。

(6)适量饮酒可延年益寿。

40. 为什么说绍兴黄酒适合不同人群饮用？

绍兴黄酒酒精度较低、品种多样，适合不同人群饮用。随着生活水平的提高和健康意识的增强，人们越来越青睐低度、营养、健康型酒品，而对高度、刺激大、浓烈型酒的需求量越来越小。近几年，高度白酒销量呈下降趋势。酒在我们的生活中占有十分重要的地位：亲朋好友相聚，要喝上几杯；结婚生子，要喝上几杯；工作升迁，免不了饮上几杯；金榜题名，也得喝上几杯；与客户应酬，更不能少喝。喝酒可增进亲情和友情、活跃气氛。很多白酒的酒度很高，当亲朋好友相聚喝酒时，很容易过量、喝坏身体、影响健康。如果选择酒精含量较低的黄酒，则既能尽兴，又不至于喝得酩酊大醉。

黄酒生产的单位成本较低，据估算，1公斤大米可生产2公斤黄酒。比较而言，1公斤大米却只能生产0.8公斤白酒；而葡萄酒成本更高，3～4公斤葡萄才能生产1公斤葡萄酒。由于成本较低，故黄酒的销售价格也比葡萄酒和白酒低，在价格上能被各层次的消费者所接受，从而推动黄酒的消费。

41. 什么是"不上头"的绍兴黄酒？

"不上头"的绍兴黄酒，由古越龙山与江南大学黄酒酿造创新实验室共同开发。这类黄酒新品的酒度为15度，酒香浓郁，酒体醇厚细腻，很有层次感。

相比传统黄酒，"不上头"的黄酒具有"三低一高"的特点。"三低"指的是高级醇总量含量低、生物胺含量低、醛类物质含量低，"一高"指的是饮用后舒适度高。

克服黄酒"上头"这一痛点，是绍兴黄酒的一次创新之举。"不上头"黄酒的成功开发，是现代黄酒科技的一大突破，是文化传承中的创新，是绍兴黄酒产品生命活力的体现。"不上头"技术的突破，让绍兴黄酒有了更足的底气,也将带来更高的附加值,向"优质、舒适、安全、健康"的方向阔步前进。

42. 为什么说黄酒为"百药之长"?

《汉书·食货志》对黄酒在医药上的应用给予了高度评价,称其为"百药之长"。古字"醫"从"酉(酒)",说明酒能治病。古人发现饮酒能"通血脉、散湿气","行药势、杀百邪、恶毒气","开胃下食","止腰膝疼痛"等,所以用酒治病、用药酒预防疾病的现象十分普遍。用酒泡大黄、白术、桂枝、桔梗、防风等制成的屠苏酒是除夕时节男女老幼的必用之品。古人端午节饮艾叶酒、重阳节饮菊花酒以避瘟疫和预防疾病,《千金方》称之为"一人饮,一家无疫,一家饮,一里无疫"。

酒能溶解药物的有效成分,使其容易被人体吸收。且酒能引导药物的效能到达需要治疗的部位,从而提高疗效。药酒不易腐坏,便于保存,可随时饮用。有些药酒还有延年益寿之功效,如补肾强阳、乌须黑发的回春酒,对老年人具有补益作用的寿星酒,等等。

43. 不同饮用方法的保健作用有何不同?

黄酒的饮用方法不同,其保健作用也不同。

(1)凉喝:凉喝黄酒,有消食化积、镇静安神的作用。对消化不良、厌食、心跳过速、烦躁等有疗效。

(2)烫热:黄酒烫热喝,能驱寒祛湿、活血化瘀,对腰背疼痛、手足麻木和震颤、风湿性关节炎及跌打损伤患者有益。

(3)与鸡蛋同煮:将黄酒烧开,然后打进鸡蛋1个成蛋花,再加红糖用小火熬片刻,经常饮用有补中益气、强健筋骨的功效,可防治神经衰弱、神思恍惚、头晕耳鸣、失眠健忘、肌骨萎脆等症。

(4)与桂圆或荔枝、红枣、人参同煮:其功效为助阳壮力、滋补气血,对体质虚衰、元气降损、贫血、遗精、下溺、腹泻、妇女月经不调等有疗效。

（5）与活虾（捣烂）60 克共烧开服用：每日 1 次，连服 3 天，可治产后缺乳。

44. 黄酒的质量指标有哪些？

黄酒的质量指标包括感官指标和理化指标两方面。

（1）感官指标

①色泽：具有黄酒应有的色泽，一般为浅黄，澄清透明，无沉淀物。

②香气：有浓烈的香气，不能带有异味。

③滋味：应醇厚稍甜，不能带有酸涩味。要求入口清爽，鲜甜甘美，酒味柔和，无刺激性。北方老酒要求味厚、微苦、爽口，但不得有辣味。

（2）理化指标

①酒精度：黄酒的酒精度同白酒一样，是以含酒精量的百分比计算的。黄酒的酒精含量一般为 $12\% \sim 17\%$。

②酸度：总酸度（以醋酸计）一般在 $0.3\% \sim 0.5\%$。总酸度如果超过 0.5%，酒味就会发生酸涩，影响质量；如果超过太多，则必须测定挥发酸含量。黄酒的挥发酸含量应为 $0.06\% \sim 0.1\%$（以醋酸计）。挥发酸含量超过 0.1% 的黄酒有变质的可能，不能再饮用。

③糖度：糖度也是以含糖量的百分比计算的。3 种甜度黄酒含糖量的百分比分别为：甜型黄酒为 $10\% \sim 20\%$；半甜型黄酒为 $2\% \sim 5\%$；不甜型黄酒一般为 1% 左右。

45. 黄酒在烹调中的作用有哪些？

黄酒的功能之一是调味。黄酒酒精含量适中，味香浓郁，富含氨基酸等呈味物质，因此人们都喜欢用黄酒做佐料。在烹制荤菜，特别是羊肉、鲜鱼时,加入少许黄酒不仅可以去膻腥,还能增加鲜美的风味。

黄酒可消除豆腥味。黄豆芽清脆可口,但烹调不当总有一种豆腥味。炒黄豆芽时,在没放盐之前加入少许黄酒可除掉豆腥味,而且炒出来的黄豆芽别有风味,是很好的下酒菜之一。

炒鸡蛋时加点黄酒,可以使鸡蛋鲜嫩松软,且富有光泽,无蛋腥味,香气扑鼻。海鲜类、肉类都含有极丰富的蛋白质,放置一段时间后,其所含的蛋白质会在微生物的作用下分解,生成三甲基胺、六氢化吡啶、氨基戊醛、氨基戊酸等物质,使海鲜类、肉类等食物产生令人讨厌的腥味或其他异味。而酒中的乙醇是一种良好的有机溶剂,能将这些产生腥膻异味的物质溶解。在烹调中,随着菜肴温度的升高,这些物质可随酒的挥发而去除。烹调菜肴用料酒(黄酒)的最佳时间,应当是在烹制菜肴的锅内温度最高的时候。不同的菜肴加料酒的时机也不同,如烧鱼,应在鱼进锅前用料酒腌一下,10 分钟后再下锅,当鱼在锅内即将煎成时,再加少许料酒;炒肉丝,在将炒好时加料酒;炒虾仁,要待炒熟后加料酒;汤类(炖甲鱼、鱼头汤等除外)则不必放料酒。

在烹调蔬菜时,如果加料酒的时机恰当,能起到保护叶绿素的作用,使蔬菜碧绿鲜嫩,色泽美观。

黄酒还能清除猪腰子的"膻臭"。将猪腰子剥去薄膜,剖开,剔除筋丝,切成所需的片状或花状,先用清水漂洗 1 遍,盛起沥干。500克腰子约用 50 毫升黄酒拌和捏挤,然后用清水漂洗 2～3 遍,再用开水烫 1 遍,捞起后即可烹调。

46. 绍兴黄酒有何独特的药用价值?

在我国中医药领域,常用黄酒来浸泡、炒煮、蒸炙各种药材,借以提高药效。《本草纲目》详细记载了 70 种可治疾病的药酒,这 70 种药酒均以黄酒制成。黄酒可以说是我国最早的配制酒。北京著名的同仁堂药铺就专门向章东明酒坊订购制药用酒,章东明酒坊也特为同仁堂酿制了一种称为"石八六桶"的专用酒,并保证存放 3 年以上再运至北京。这种特别酿制的专用酒也就称为"同仁堂酒"。

绍兴酒的药补方法很多,如浸黑枣、胡桃仁,不仅可补血活血,且能健脾健胃,是老幼皆宜的冬令补品。浸泡龙眼肉、荔枝干肉,对于心血不足、夜寝不安者甚有功效。酒冲鸡蛋是一种实惠的大众食补吃法。浸鲫鱼清汤炖服,哺乳妇女的乳汁即能明显增加。产后恶露未净,用红糖冲老酒温服,不但补血,且能祛恶血。阿胶用黄酒调蒸服用,专治妇女畏寒、贫血之症。

饮用温和的绍兴黄酒还可以开胃,因为绍兴黄酒内的酒精、有机酸、维生素等物质都具有开胃的功能,能刺激、促进人体腺液的分泌,增加口腔中的唾液、胃囊中的胃液,并可使鼻腔湿润。这样就可以增进食欲,并能保持一个相当长的时间。

47. 绍兴黄酒的营养功能和调味功能有哪些特色?

绍兴黄酒的营养之丰富,在世界酒林中可以说是少见的。绍兴黄酒具备营养食品的三个条件。

(1)含有多种多样的氨基酸。绍兴黄酒含有 21 种氨基酸,总含量每升高达 6770.9 毫克,尤其是人体必需的 8 种氨基酸达 3400 毫克,是啤酒的 11 倍,葡萄酒的 12 倍。尤其是可以助长人体发育,而在多数谷物中缺乏的赖氨酸,其含量与啤酒、葡萄酒和日本清酒比,要高出 2~36 倍。

(2)发热量较高。绍兴元红酒、加饭酒、善酿酒和香雪酒每升所含的热量,分别为 4249 千焦耳、5204 千焦耳、4989 千焦耳和 8415 千焦耳,是啤酒的 2.8~5.6 倍,葡萄酒的 1.2~3 倍。

(3)易被人体消化和吸收。绍兴酒系纯酿造压滤酒,在生产过程中几乎保留了发酵所产生的全部有益成分,如糖、糊精、有机酸、氨基酸、酯类和维生素等。浸出物分别为:元红酒 3.5%,加饭酒 5%,善酿酒 15％,香雪酒 24％,其营养物质不但含量高,而且易被人体消化和吸收。因此,如果啤酒被列为营养食品,称为"液体面包"的话,那么绍兴酒被誉为"液体蛋糕"实属当之无愧。

在调味功能方面,绍兴酒是上等的烹饪调料。绍兴酒在烹饪中有祛腥、去膻、增香、添味的效能。鱼中有一种三甲基胺的化学物质,腥味极浓,在煮鱼时加 1～2 匙元红酒和醋,三甲基胺便会溶解在酒和醋里。酒精沸点为 38.3℃,易挥发,三甲基胺也随蒸气一起挥发掉。同时,酒和醋在热锅里相遇,反应生成乙酸乙酯香味,使鱼味更鲜香。肉类含有一种脂肪滴,有腻人的膻味,在炖煮中加入黄酒后,脂肪滴即溶解于酒精中一起蒸发,达到去膻的目的,肉味更香美。鱼、肉鲜香的另一个原因是,绍兴酒中含有较多的水溶性氨基酸,它和调料中的食盐形成谷氨酸钠盐,这就是味精;同时,氨基酸又与调料中的糖分形成诱人的香气,使做成的鱼、肉更为味美可口。黄酒内的酯类给菜肴带来芳香,糖分能增加菜肴鲜味,乙醇能除去鱼类的腥味、肉的膻味。在闻名世界的"中国菜谱"中,很多菜都是用绍兴黄酒做调料,绍兴黄酒是餐馆、酒楼、家庭必备的佐料。

48. 黄酒有哪些药用与营养价值?

黄酒还是医药上很重要的辅料或"药引子"。中药处方中常用黄酒浸泡、烧煮、蒸炙一些中草药,或调制药丸及各种药酒,据统计,有 70 多种药酒需用黄酒做酒基配制。黄酒中的酒精能溶解中药中的有效成分,更好地提高药效。

黄酒是很好的药用必需品,它既是药引子,又是丸散膏丹的重要辅助材料。《本草纲目》一书记载:"诸酒醇不同,唯米酒入药用。"米酒即黄酒,它具有通曲脉、厚肠胃、润皮肤、养脾气、扶肝、除风下气等治疗作用。

黄酒含有多种营养物质,有丰富的营养,对人体有较好的保健作用,又有烹饪价值和药用价值,但在饮用黄酒时也要注意,不应酗酒、暴饮,不应空腹饮酒,不应与碳酸类饮料同喝(如可乐、雪碧),否则会促进乙醇的吸收。适量常饮可延年益寿。

黄酒具有补养气血、助运化、活血化瘀、祛风等作用,与寒性药同服,可缓其寒;与温性药同服,可助其走窜,加强通调气血、舒筋活络的作用。

49. 黄酒中低聚糖的含量和作用如何?

低聚糖又称寡糖类或少糖类,分为功能性低聚糖和非功能性低聚糖两类,其中功能性低聚糖日益受到世人瞩目。由于人体不具备分解、消化功能性低聚糖的酶系统,在摄入低聚糖后,它很少或根本不产生热量,但它却能被肠道中的有益微生物双歧菌所利用,促进双歧杆菌的增殖。

黄酒中含有较高的功能性低聚糖,仅已检测到的就有异麦芽糖、潘糖、异麦芽三糖三种异麦芽低聚糖,每 1 升绍兴加饭酒中就高达 6 克。异麦芽低聚糖具有显著的双歧杆菌增殖功能,能改善肠道的微生态环境,促进维生素 B_1、维生素 B_2、维生素 B_5(烟酸)、维生素 B_6、维生素 B_{11}(叶酸)、维生素 B_{12} 等 B 族维生素的合成和 Ca、Mg、Fe 等矿物质的吸收,提高机体新陈代谢水平,提高免疫力和抗病力;能分解肠内毒素及致癌物质,预防各种慢性病及癌症,降低血清中胆固醇及血脂水平。异麦芽低聚糖被称为 21 世纪的新型生物糖源。

自然界中只有少数食品中含有天然的功能性低聚糖,目前已面市的功能性低聚糖大部分是由淀粉原料经生物技术即微生物酶合成的。黄酒中的功能性低聚糖就是在酿造过程中在微生物酶的作用下产生的。黄酒中的功能性低聚糖是葡萄酒、啤酒无法比拟的。有关研究表明,每天只需要摄入几克功能性低聚糖,就能起到显著的双歧杆菌增殖效果。因此,每天喝适量黄酒,能起到很好的保健作用。

50. 黄酒中含有哪些无机盐和微量元素？

人体内的无机盐是构成机体组织和维护正常生理功能所必需的,按其在体内含量的多少分为常量元素和微量元素。黄酒中已检测出的无机盐有 18 种之多,包括钙、镁、钾、磷等常量元素和铁、铜、锌、硒等微量元素。

镁既是人体内糖、脂肪、蛋白质代谢和细胞呼吸酶系统不可缺少的辅助因子,也是维持肌肉神经兴奋和心脏正常功能,保护心血管系统所必需的。人体缺镁时,易发生血管硬化、心肌损害等疾病。黄酒含镁量为 200～300 毫克/升,比红葡萄酒高 5 倍,比白葡萄酒高 10 倍,甚至比鳝鱼、鲫鱼还要高,能很好地满足人体需要。

锌具有多种生理功能,是人体 100 多种酶的组成成分,在糖、脂肪和蛋白质等多种代谢及免疫调节过程中起着重要的作用。锌能保护心肌细胞,促进溃疡修复,并与多种慢性病的发生和康复相关。锌是人体内容易缺乏的元素之一。由于我国居民食物结构的局限性,人群中缺锌和由于缺锌而导致疾病的高达 50%。大量出汗也可导致体内缺锌。缺锌可导致机体免疫功能低下,食欲不振,自发性味觉减退,性功能减退,创伤愈合不良及皮肤粗糙、脱发、肢端皮炎等症状。绍兴黄酒含锌量为 8.5 毫克/升,而啤酒仅为 0.2～0.4 毫克/升,干红葡萄酒仅为 0.1～0.5 毫克/升。健康成人每日约需 12.5 毫克锌,喝黄酒能补充人体锌的需要量。

硒与人类疾病、健康的关系一直是国内外生物学和医学研究的热点问题。硒有着多方面的生理功能,其中最重要的作用是消除人体内产生的过多的活性氧自由基,因而具有提高机体免疫力、抗衰老、抗癌、保护心血管和心肌健康的作用。已有的研究成果表明,克山病、癌症、心脑血管疾病、糖尿病、不育症等四十余种病症均与缺硒有关。最近的研究还揭示,硒具有解除重金属中毒、降低黄曲霉素 B_1 的损伤、保护视觉器官等新的生理功能。据中国营养学会调查,目前我国居民硒的日摄入量约为 26 微克,与世界卫生组织推荐的日摄入量 50～200 微克相差甚远。绍兴黄酒含硒量为 10～12 微克/升,约为水果蔬菜的 2 倍。黄酒虽称不上富硒食品,但在各种酒中含量是最高的,比红葡萄酒高约 12 倍,比白葡萄酒高约 20 倍,且安全有效,极易被人体吸收。

51. 黄酒中含有哪些生理活性成分?

黄酒中含有多酚物质、类黑精、谷胱甘肽等生理活性成分,它们具有清除自由基、防治心血管疾病、抗癌、抗衰老等多种生理功能。

多酚物质具有很强的自由基清除能力。黄酒中多酚物质的来源有两个方面,即来自原料(大米、小麦)和经过微生物(米曲霉、酵母菌)转换。特别是由于黄酒发酵周期长,小麦带皮发酵,麦皮中的大量多酚物质溶入酒中,因而黄酒中的多酚物质含量较高。

类黑精是美拉德反应的产物。美拉德反应是在仪器加工和贮藏过程中经常发生的反应,生成类黑精的量取决于还原糖和氨基酸的浓度。黄酒中的还原糖和氨基酸的含量高,且贮存时间长,因而生成较多的类黑精。黄酒在贮存过程中色泽变深,也与美拉德反应生成的类黑精有关,类黑精是一种还原性胶体,具有较强的抗突变活性。有研究认为,其抗突变机制是清除致突变自由基和通过与致突变化学物结合而减少其致突变毒性。

谷胱甘肽在人体内具有重要的生理功能。当人体摄入的食物中含不洁净或药物等有毒物质时,谷胱甘肽能在肝脏中和有毒物质结合而解毒。谷胱甘肽过氧化酶是一种含硒酶,能消除体内自由基的危害。黄酒中的谷胱甘肽是发酵过程中酵母分泌和自溶产生的。酵母是提取谷胱甘肽最常用的原料,一般干酵母含 1% 左右的谷胱甘肽。黄酒发酵周期越长,酵母自溶产生的谷胱甘肽也较多。

52. 黄酒中含有哪些维生素？

除维生素 C 等少数几种维生素外，黄酒中其他种类的维生素含量比啤酒和葡萄酒高。酒中维生素来自原料和酵母的自溶物。黄酒主要以稻米和小麦为原料，除含丰富的 B 族维生素外，小麦胚中的维生素 E(生育酚)含量高达 554 毫克/千克。维生素 E 具有多种生理功能，其中最重要的功能是与谷胱甘肽过氧化酶协同作用来清除体内的自由基。酵母是维生素的宝库，黄酒在长时间的发酵过程中有大量酵母自溶，将细胞中的维生素释放出来，可成为人体所需维生素很好的来源。

53. 为什么说黄酒是"液体蛋糕"？

黄酒与啤酒、葡萄酒并称世界三大最古老的酒种，古人称黄酒为"天之美禄"，现又有"液体蛋糕"之称，其营养价值超过了有"液体面包"之称的啤酒和营养丰富的葡萄酒。黄酒内含 21 种氨基酸，其中人体必需而又无法自身合成的 8 种氨基酸含量为 3400 毫克/升，是啤酒的 11 倍、葡萄酒的 12 倍，尤其是人体发育不可缺少的赖氨酸含量高达 1.25 毫克/升。黄酒内还有以琥珀酸为主的有机酸近 10 种、维生素多种。黄酒中人体所必需的微量元素也非常丰富，经测定有 18 种之多，其中钙、镁、钾、铁、锌、铬、锗、铜、磷等含量较丰富，在黄酒这种酸性介质中，其存在状态为有机盐类物质，表现形式为生物活性物质，一旦它们进入人体中，极易被吸收，可以充分补充人体所缺乏的微量元素，起到调节人体生理机能、促进新陈代谢的作用。

古人称黄酒为"天之美禄"，真是非常贴切。论营养保健功能，黄酒要高于其他各酒种；论历史文化内涵，黄酒绝不亚于白酒。黄酒的养生功效早已被现代科学所证实，随着人们对健康的日益关注，相信会有更多的人喜爱黄酒。

54. 为什么说黄酒中的蛋白质为酒中之最？

黄酒中含有丰富的蛋白质,绍兴加饭酒的蛋白质含量为 16 克/升,是啤酒的 4 倍。黄酒中的蛋白质经微生物酶降解,绝大部分以肽和氨基酸的形式存在,极易为人体吸收和利用。氨基酸是重要的营养物质,黄酒含有 21 种氨基酸,其中 8 种人体必需氨基酸种类齐全。所谓必需氨基酸是人体不能合成或合成的速度不能适应机体的需要,必须由食物供给的氨基酸。缺乏任何一种必需氨基酸,都可能导致生理功能异常。加饭酒中的必需氨基酸含量达 3400 毫克/升,半必需氨基酸含量达 2960 毫克/升。而啤酒和葡萄酒中的必需氨基酸含量仅为 440 毫克/升或更少。

55. 绍兴黄酒的"六味"指的是什么？

(1)甜味:米和麦曲经酶的水解所产生的以葡萄糖、麦芽糖等为主的糖类有近 10 种。另外,还有发酵中产生的甜味氨基酸和 2,3-丁二醇、甘油以及发酵中遗留的糊精、多元醇等。这些物质都有甜味,从而赋予了绍兴酒滋润、丰满、浓厚的内质,饮时有甜味和稠黏的感觉。

(2)酸味:酸有增加浓厚味及降低甜味的作用。绍兴酒中以乳酸、乙酸、琥珀酸等为主的有机酸达 10 多种。这种酸味主要来自大米、麦曲,及添加的浆水和醇醛氧化,但大都是在发酵过程中由酵母代谢产生的。其中,以乙酸、丁酸等为主的挥发酸是导致醇厚感觉的主要物质;以琥珀酸、乳酸、酒石酸等为主的挥发酸是导致回味的主要物质。酸性不足,往往寡淡乏味;酸性过大,又辛酸粗糙;只有一定量的多种酸,才能组成甘洌、爽口、醇厚的特有酒味。所谓酒的"老""嫩",即是指酸的含量多少,它对酒的滋味起着至关重要的缓冲作用。

（3）苦味：酒中的苦味物质，在口味上灵敏度很高，而且持续时间较长，但它并不一定是不好的滋味。绍兴酒的苦味，主要来自发酵过程中所产生的某些氨基酸、酪醇、甲硫基腺苷和胺类等。另外，糖色也会带来一定的焦苦味。恰到好处的苦味，使味感清爽，给黄酒带来一种特殊的风味。

（4）辛味：辛味不是饮酒者所追求的口味，却是绍兴酒中不可缺少的一味。它由酒精、高级醇及乙醛等成分构成，以酒精为主。适度的辛辣味有增进食欲的作用，如果没有适度的辛辣味，就会像喝一般饮料那样，缺乏一种滋味感。

（5）鲜味：鲜味为黄酒所特有，很受饮酒者的欢迎，而绍兴黄酒的鲜味又比其他黄酒更为明显。绍兴酒中的鲜味，来自谷氨酸、天门冬氨酸，以及蛋白质水解所产生的多肽及含氮碱。此外，琥珀酸和酵母自溶产生的 5-核苷酸等物质也具有鲜味。

（6）涩味：绍兴酒的涩味主要由乳酸、酪氨酸、异丁醇和异戊醇等成分构成。涩味适当，能使酒味有浓厚的柔和感。

以上六味化学成分互相制约，互相影响，和谐地融合在一起，就形成了绍兴黄酒不同寻常的色、香、味。绍兴黄酒的澄黄清亮、醇厚甘甜、馥郁芬芳的色香味令人赞叹。

56. 黄酒有哪几种饮法？

黄酒是以粮食为原料，通过酒曲及酒药等共同作用而酿成的，它的主要成分是乙醇，但浓度很低，一般为 8%～20%，很适合当今人们由于生活水平提高而对饮料酒品质的要求，适合各类人群饮用。黄酒饮法有多种多样，冬天宜热饮，放在热水中烫热或隔火加热后饮用，会使黄酒变得温和柔顺，更能享受到黄酒的醇香，驱寒暖身的效果也更佳；夏天在甜黄酒中加冰块或冰冻苏打水，不仅可以降低酒精度，而且清凉爽口。

黄酒烫热喝较常见。原因是黄酒中还含有极微量的甲醇、醛、醚类等有机化合物，对人体有一定的影响，为了尽可能减少这些物质的残留量，人们一般将黄酒隔水烫到 60～70℃ 再喝，因为醛、醚等有机物的沸点较低，一般在 20～35℃，即使甲醇也不过 65℃，所以这些极微量的有机物在黄酒烫热的过程中，可随着温度的升高而挥发掉，同时黄酒中所含的脂类芳香物随温度升高而蒸腾，从而使酒味更加甘爽醇厚，芬芳浓郁。因此，黄酒烫热喝对健康是有利的。

57. 黄酒有哪些气味？

众所周知，黄酒香气芬芳，富有层次，醇香、酱香、曲香、药香、米香、留香，比起舌尖上的享受，称黄酒为鼻尖上的盛宴也不为过。能让酒香在鼻尖起舞的秘密是什么呢？根据赵培城团队的研究，传统绍兴黄酒所含的挥发性物质主要为醇类、酯类、醛类、酸类。

其中醇类物质含量最高，其次为 20 多种酯类物质及挥发性醛类物质，而挥发性酸类物质的质量浓度较低，主要为乙酸和戊酸。而黄酒最大的秘密就在于香气活力值大于 1 的挥发性风味物质，主要有乙酸乙酯、己醇、异戊醇、己酸乙酯、乳酸乙酯、辛酸乙酯、苯甲醛、5-甲基糠醛、辛醇、戊酸、苯乙醛、乙酰基苯、糠醇、苯乙酸乙酯、乙酸苯乙酯、苯乙醇、γ-壬内酯和辛酸等。

常饮酒的人会发现，传统黄酒陈酿时间不同，其香气也各不相同，这与挥发性醇类、醛类物质含量逐年下降，而挥发性酯类、酸类物质含量逐年增加分不开。根据调查，结合感官描述性分析发现，低年份黄酒更多醇香、曲香，与苯乙醇、异戊醇和苯甲醛为主要特征风味物质有关；高年份黄酒更多酯香、留香，诸味更加协和，与乙酸苯乙酯、乙酰基苯、糠醇、苯乙酸乙酯、乙酸乙酯、辛酸乙酯和乳酸乙酯为主要特征风味物质有关。

58. 黄酒有哪些滋味?

一杯黄酒,经过夏采、秋收、冬酿、春出,方才到达我们口中,其味道甜润、醇厚、柔和,回味悠长,个中滋味很值得细品,除了常见的酸、甜、苦、辣,更有醇厚、绵延之味,这些滋味互相制约,互相影响,和谐地融合在一起,就形成了绍兴黄酒不同寻常的色、香、味。

从不同年份传统绍兴黄酒中共定量检测出 7 种有机酸:醋酸、乳酸、柠檬酸、苹果酸、酒石酸、琥珀酸和丙酮酸;16 种游离氨基酸:天冬氨酸、苏氨酸、丝氨酸、谷氨酸、脯氨酸、甘氨酸、丙氨酸、缬氨酸、蛋氨酸、异亮氨酸、亮氨酸、酪氨酸、苯丙氨酸、赖氨酸、组氨酸和精氨酸。

结合感官评分分析,其中低年份黄酒更为甜、酸和辣,与琥珀酸和异亮氨酸为主要特征滋味物质有关;高年份黄酒更为醇厚、绵延;与柠檬酸、乳酸和蛋氨酸为主要特征滋味物质有关。

59. 黄酒的功能因子有哪些? 分别有什么作用?

黄酒除了口感柔和,色泽澄黄清亮,口味醇厚甘甜,气味馥郁芬芳以外,有没有保健作用呢? 答案是肯定的。随着近年来科技的发展,许多科研团队将目光投向了黄酒。其中就有郭航远教授团队,他们通过对黄酒多酚的研究,发现了黄酒多酚的不少奥秘。

富含多酚的黄酒多酚化合物(YWPC)对缺血性、化疗药物损伤性、高糖损伤心脏病具有多方面的有益作用:抗动脉粥样硬化;改善糖尿病心肌病大鼠的心脏功能,抑制糖尿病心肌病大鼠心肌细胞凋亡;减轻阿霉素诱导的心脏毒性。为了更深一步的研究,郭航远教授团队对黄酒多酚进行了成分分析,主要包括没食子酸、表儿茶素、阿魏酸、山奈酚等,还有一些成分不明的酚类物质。也许大家对这几个名字非常陌生,但是在科研界,嗅觉灵敏的团队已展开相关研究。

（1）没食子酸

没食子酸（GA），因其强大的抗氧化、抗炎、抗癌、抗诱变、抗心肌缺血、抗糖尿病、抗微生物特性，受到越来越多的关注，现已被证明在神经退行性疾病、代谢性疾病、关节炎、癌症等病理状况中具有抗炎作用。没食子酸及其衍生物的抗微生物特性和其他生物学特性，似乎与没食子酸和许多可食用水果成熟后产生的单宁酸之类的多元醇之间的酯键的水解有关。根据药代动力学研究，没食子酸口服后的吸收和清除速度很快，而对其结构优化或剂型调整有利于提高生物利用度；毒理研究表明，在各种动物实验和临床试验中，没食子酸没有明显的毒性或副作用。与临床上常用的抗炎药相比，没食子酸不仅副作用少，而且还能显著增强人体的免疫功能。更重要的是，它具有多靶向的明显优势。常见的靶向抗炎药是有效的，但它们也容易产生副作用和不良反应，例如阿司匹林的肝肾损害和阿莫西林的胃肠道反应。但是，没食子酸几乎没有在动物或临床试验中显示出毒性，因此可长期用于炎症相关疾病。除了主要的抗炎作用外，没食子酸还可以通过抗氧化应激，以及抗凋亡和抗病毒机制，来减少炎症相关疾病的发生率。

（2）表儿茶素

最新的研究表明，某些含表儿茶素及相关衍生物的食物具有降血压的功能。表儿茶素功能作用的潜在机制可能有助于防止氧化损伤和内皮功能障碍，而这两者均与高血压和某些脑部疾病有关。此外，已证明表儿茶素可以改变代谢状况，改变血液流变特性并穿越血脑屏障。因此，表儿茶素具有多种活性，可能有益于心血管，并具有神经心理健康的独特协同作用。研究还表明，表儿茶素具有抗血小板作用，并间接导致了抗凝和纤溶作用，为预防心血管疾病提供了新的证据。

（3）阿魏酸

阿魏酸毒性低，具有抗炎、抗氧化、抗菌活性、抗癌和抗糖尿病作用。它已被广泛用于制药、食品和化妆品行业。阿魏酸对主要皮肤结构具有保护作用,如角质形成细胞、成纤维细胞、胶原蛋白、弹性蛋白;可抑制黑色素生成,促进血管生成,并加速伤口愈合;可作为光保护剂,延缓皮肤光老化过程,其增白成分广泛应用于皮肤护理配方。除了在美容护肤上的应用外,阿魏酸还有其他益处,如改善肝纤维化,和二甲双胍联合作为抗糖尿病药物,以及增强喹诺酮类抗生素对鲍曼不动杆菌的抗菌活性。

(4)山奈酚

山奈酚具有多种药理特性,包括抗微生物、抗炎、抗氧化、抗肿瘤、抗糖尿病活性,可保护心脏和神经,并被用于癌症化学疗法中。具体来说,富含山奈酚的食物可以降低罹患某些类型癌症(如皮肤、肝癌和结肠癌)的风险。此外,山奈酚对骨骼有益,因此对骨质疏松症的预防和治疗具有潜在的作用。

60. 黄酒及其成分的衍生产品有哪些?

绍兴的鲁迅故里有许多古色古香的店铺,这些店铺大多散发着扑鼻的酒香,令人沉醉。近年来,一些新的事物,借着这一缕缕的黄酒气息,也在牵动着人们的味蕾,扣动着人们的心弦。勤劳聪慧的绍兴人有着"探索黄酒的一万种可能"的理念和信心,别具匠心地创造了黄酒奶茶、黄酒棒冰、黄酒巧克力、黄酒月饼等一系列产品,使得绍兴黄酒的浓郁芳香,在这些新事物上焕发出新的光彩。这些充满创意的转化,升华了黄酒原有的风味和形态,不仅仅在美食界掀起一阵热潮,更是成了绍兴黄酒文化的一部分。

(1)黄酒奶茶

这些年,奶茶在年轻人中风靡一时,渴了、乏了、饿了均可来一杯奶茶,其已成为了一种常见的饮品。在奶茶的选择中,风味重于一切。绍兴的奶茶,没有将味蕾束缚于传统的食品清单上,而是创造性地发明了黄酒奶茶。凭借着独特的风味,黄酒奶茶声名鹊起,成为现象级的网红产品。茶味苦涩,传统的奶茶往往需香甜的奶味来掩盖其味道,然而加了牛奶和炼乳的传统奶茶越喝越腻。黄酒奶茶适量减少了奶味,将苦涩的茶与黄酒融为一体,使其在不失香甜的同时带着一丝丝酒的醇味。黄酒性温良,在奶茶中酝酿后更是去掉了原有的辛辣感,且喝了不"上头"。在炎热的夏天,再加入一些冰块,黄酒奶茶便成为一种上佳的消暑饮料。我国台湾地区的美食家王翎芳对黄酒奶茶的评价是:犹如少女微醺的媚态,是一款可以秒杀忧郁的前卫饮品。然而这样的美味,其产生却是来源于一次美妙的失误。在一次制作奶茶时,制作者意外地将红茶壶与黄酒壶搞错,误将黄酒加入了奶茶中。本着好奇的心态,制作者尝了一口,却惊奇地发现浓重的奶茶融合了黄酒酒香,口感反而更妙了。这便是黄酒奶茶的初创。他将这黄酒奶茶与家人分享后,得到了大家的一致好评,经过数月的尝试,不断调和其风味,终于使得黄酒与奶茶的碰撞达到了满意的效果,并成功开办了自己的奶茶店。此后,黄酒奶茶的名声便从小小的奶茶店,逐渐飘向大街小巷,甚至通过媒体的传播,成了游客来绍兴打卡的缘由之一。

(2)黄酒棒冰、黄酒冰淇淋

黄酒棒冰盛行于炎炎夏日,目前市场上的黄酒棒冰有多个品牌,外形、口感大同小异:整个棒冰包装朴素,打开后并没有浓重的酒味,轻轻咬一口,没有一般棒冰碎碎的冰碴感,配方中的糯米使得棒冰口感软糯却又不失弹性,而牛奶的加入使得本就柔和的黄酒更为柔和,又散发出丝丝的奶香。直到在嘴里完全融化了以后,黄酒味才悠悠地散发出来,带着些许的馨香,宛若湖畔的徐徐清风,沁人心脾。黄酒棒冰并不适合儿童食用,其制作的初衷是希望这款棒冰能打开新的消费市场,让更多年轻人了解绍兴黄酒。随之而来的黄酒冰淇淋,同样充分发挥了黄酒的特性,同时借助形似酒坛的复古外观,再一次使得绍兴黄酒受到关注。

(3)黄酒月饼

研发黄酒月饼的公司受到黄酒棒冰的启发,想到了研发一款黄酒月饼。研制黄酒月饼最大的难点在于如何留香,因为月饼需要在高温烤箱里烘焙,但黄酒容易挥发,同时选择与黄酒搭配的馅料也不容马虎。为此,研发人员进行了多种尝试,经过不断的研究,终于研发成功。黄酒月饼的馅料中不仅融入了黄酒,还包含了霉干菜等绍兴特色美食。打开包装后迎面而来的便是扑鼻的酒香,酥脆的外壳中央是一个大大的"酒"字,吃起来油而不腻,口感与一般的月饼相仿,但更为柔软,吃完后令人"酒"久回味。

（4）黄酒莫吉托

莫吉托是一种有名的鸡尾酒,但因为含有烈性的朗姆酒,即便混合了青柠汁和苏打水,依然有着不弱的度数。黄酒莫吉托将朗姆酒替换为温和醇厚的黄酒,配合爽口的苏打水、酸甜的青柠汁及清凉的薄荷,赋予味蕾奇妙的体验,更为符合中国人的口味。

（5）黄酒巧克力、黄酒牛轧糖

中国的社会讲究人情味,外出旅游的人,往往会携带一些礼品回去,或自己留存以示纪念,或送予亲友表示心意。对于来绍兴的游客,黄酒巧克力与黄酒牛轧糖是很好的伴手礼,方便携带,价格不贵,却融入了绍兴特色。黄酒巧克力与牛轧糖,都能在细嗅下感受到淡淡的酒味,入口后黄酒巧克力稍显厚重,稍后便会觉得柔顺,如同一小口黄酒,滑入咽喉。黄酒牛轧糖则是另一种体验,酒的味道被牛奶所覆盖,富有嚼劲,满口留香。

（6）醉小笼

小笼包肉馅里放一些黄酒,这是件简单平常的事,但想要同时抓住人们的嗅觉和味蕾,可不是一件简单的事。2016年,有两位年轻的创业者选中了一款绍兴黄酒,经过无数次的学习和试验,成功制作出符合江南口味的黄酒小笼包,取名为"醉小笼"。在他们的眼里,小笼包不是普通的街边小吃,而是承载创业梦想的舞台。小笼包与黄酒,在绍兴都是传统的产业。在继承传统的同时,不断发展新的工艺,推出新的产品,这是传统产品历久弥新的关键。绍兴有许多响当当的传统产品,但它们中有不少已经淡出人们的视线。从某种意义上说,它们被时代淘汰了,但从另一个角度看,这些产品没有被赋予新内容，没有满足新的市场需求。在传统小笼包中加入黄酒这一新的尝试，希望能为小笼包注入绍兴黄酒的文化内涵。

（7）黑枣泡黄酒

传统的绍兴人喜欢喝黑枣泡黄酒，忙碌了一天，饭前倒出一碗黄酒，里面滚动着五六颗黑枣，酒甜滋滋的、带着枣香，几口下肚便感觉身子暖暖的。记忆里，父母亲会拿出一个小小的坛子，坛子黑黝黝的，枣子也是黑黝黝的，凸显出冰糖的纯净，而后加入黄酒，将冰糖缓缓融化，最后封上盖子，让时间来进行整合。泡上一两个月，被黄酒充分浸泡的黑枣会显得十分饱满，吃上去甜甜的、糯糯的，带着醇厚的酒味和自身的果香。这简单的工序后面，却也蕴藏着老祖宗的智慧。黑枣能滋阴健脾，补益中气，可以调和百药、解毒，对人类的肾脏有滋补功效，黄酒的功效则在于通行血脉、活络筋骨、提神御寒。以黄酒浸泡黑枣，两者互为补充，滋补功效更为明显，能益气补血，提高身体的抗寒能力，可调理人类畏寒怕冷和手脚冰凉等不良症状。

（8）黄酒面膜

田润刚是绍兴文理学院的一位教授，他一直致力于绍兴黄酒的传承与创新，2016年他创造性地利用黄酒研制成了一款美白面膜，并将其作为礼物送给了妻子。一次他和妻子在购物时，妻子看中了一款面膜，却因价格昂贵而有些犹豫。他忽然想起曾经在一本杂志上看到过这样的描述，"在日本，酿酒师的手一般都很白，原因竟是酒里含有的曲酸成分能有效抑制黑色素形成"，此外，酒中的酒精成分本身就有清洁作用。这给了他一个灵感，何不结合自己的专长研制一款面膜呢？黄酒本身酒精度低，不会对皮肤产生刺激作用，再调和芦荟、黄瓜水、蜂蜜等滋补的原料，让面膜纸吸附这些液体，就形成了具有保湿美白功效的面膜。

（9）其他

在黄酒奶茶等产品爆红后，在市场的推动下催生了与黄酒相关的一系类美食，包括黄酒双皮奶、黄酒老酸奶、黄酒奶茶布丁、黄酒鸡蛋仔、黄酒泡芙、黄酒曲奇、黄酒面包等。这些美食虽然没有同黄酒奶茶和黄酒棒冰一样成为现象级的产品,评价也是褒贬不一,但时间是美食的挚友,相信在不断改良后,一定能进一步弘扬绍兴的黄酒文化。

黄酒与疾病

61. 饮酒与冠心病的关系如何？

适量饮酒可升高高密度脂蛋白,对预防冠心病有利,但饮酒可增加出血性中风的危险性,并可使高血压的发病率增加,故不提倡不会饮酒者去学会饮酒来预防冠心病。有研究表明,适量饮酒能使血液中高密度脂蛋白含量增加15%,使心梗的发病率和猝死率有所下降。适量饮酒是指用葡萄酒杯作酒具,每天饮用黄酒或葡萄酒1~2杯,或与此数量黄酒或葡萄酒中酒精含量相当的其他含酒精饮料。

饮酒对人体的影响包括下列几个方面:

(1)少量或中等量饮酒对血压、心输出量和心肌收缩力影响不大,但可使血管扩张,包括冠脉;

(2)乙醇可提高血中高密度脂蛋白、降低低密度脂蛋白,但大量饮酒可使胆固醇水平升高;

(3)乙醇可抑制血小板聚集,减轻或防止血栓形成;

(4)大量饮酒后,可使心率加快、心肌耗氧量增加、心脏负荷增加,加重或诱发心肌缺血、心律失常或心梗;

(5)乙醇可直接损伤心肌,造成心肌能量代谢障碍。

62. 为什么说变质黄酒不宜饮用？

黄酒色泽诱人,香气扑鼻,味道甘醇,是人们尤其是南方人喜欢喝的酒。在炎热的夏天,黄酒容易发生霉变。变质的黄酒不能喝,否则会对人体造成损害,严重时可危及生命。

变质的黄酒进入人体的胃肠道后,其酸性和毒性物质会对胃肠道的黏膜和肌层产生一种强烈的刺激和腐蚀作用,并能麻痹胃肠道的毛细血管,抑制胃肠道的神经感受器,使胃肠道运动减弱、食物消化排泄迟缓、新陈代谢功能降低。这一系列病理变化均易引发某些病症,如食物中毒、胃与十二指肠溃疡、胃肠道出血、胃肠道感染、便秘、肛裂等。患者可出现腹痛腹胀、恶心呕吐等症状。

我国广大农村一向有自酿自饮黄酒的习惯,但并非家家都能酿出好的黄酒。有时酿出来的黄酒是酸的,时间一长就会变质。市场上销售的黄酒买回来后要及时使用。如因存放时间长而变酸,可予高温杀菌后再用;如果变质,必须弃用。常饮变质的黄酒,可能导致胃穿孔、慢性肠胃炎、混合痔、胃癌、肠癌等严重疾病。

在夏季购买黄酒时,应选购无浑浊、无沉淀、无变色、无异味的黄酒。如果厨房里未用完的黄酒有上述浑浊等现象,只可作高温烹调使用。

63. 为什么说要倡导科学饮酒?

科学饮酒就是根据饮酒者的年龄、性别、身体素质、经济状况、工作性质、心理状态、嗜好及所处的环境、季节、气候、所患疾病等因素,选择适宜的酒类饮料,根据酒量酌情饮用的饮酒养生法。

(1)黄酒中含有微量的甲醇、醛、醚类等有机化合物,对人体健康不利,如将黄酒隔水烫热至 60~70℃再饮,这些不良成分就会随温度升高而蒸发,使酒味更加芬芳浓郁。

(2)空腹饮酒,胃壁吸收酒精的速度较快,这就是空腹饮酒比餐后饮酒更易醉的原因。在饮酒之初,胃液分泌增加,胃液的酸度增高了,这时又没有食物供胃液消化,以致胃酸和酒精一起刺激胃黏膜,酒性越烈,对胃的刺激和损害就越大,因此,不要空腹饮过量的烈性酒。

（3）由于酒精对神经系统的刺激和影响，易使大脑失去正常功能，所以工作时间都不要喝酒，尤其是汽车、飞机、轮船的驾驶人员均禁止饮酒，以免发生意外事故。

（4）过量饮用烈性酒后禁忌性生活。科学研究表明，男子大量饮酒后，精液中 70% 的精子发育不全。若此时同房后妻子怀孕，将会有 26% 的胎儿出现先天性畸形，故我国古代医书有"酒后勿入室"的记载。

（5）酒后勿洗澡。酒后入浴，体内储存的葡萄糖会大量消耗，从而引起体内血糖含量下降，导致体温降低。同时，酒精抑制了肝脏的正常生理功能，阻碍肝脏对葡萄糖储存的恢复，造成机体疲劳，甚至导致低血糖性休克，故民间有"酒后不入浴"之谚语。

（6）酒是化学性饮料，故不宜与许多药物同服，阿司匹林、解热镇痛片、安乃近、消炎痛、扑尔敏、非那更、痢特灵、利眠宁、利血平、优降宁等药物均忌与酒同服。服阿司匹林（或解热镇痛片）后再饮酒能增大酒量，但须切记，服用阿司匹林同时饮酒可引起胃肠道出血。

（7）患有精神病、癫痫，急、慢性肝炎和胃溃疡等病症者均应忌酒。

64. 冠心病和高血压患者可饮酒吗？

对冠心病和高血压患者来说，能否饮酒，饮酒是利大还是弊大，各家的意见并不一致。有人认为酒可以活血提神，防止心绞痛的发生；也有人认为酒不但对中枢神经系统有抑制作用，还可使血管扩张、心跳加快、心肌耗氧量增加，加重心肌缺血。其实，酒对人是利还是弊，关键在于饮酒量的多少。

少量饮酒对冠心病和高血压患者无害，甚至是有利的，但大量饮酒易诱发心绞痛、心梗和心律失常。另外，长期大量饮酒可致心肌中的脂肪组织增加，继而引起心脏扩大。冠心病患者既往有饮酒习惯且不希望放弃者,可少量、间歇饮酒,且以饮绍兴黄酒或红葡萄酒为宜。资料统计表明,少量饮酒的人发生心梗的机会比不饮酒者低 40%。

冠心病和高血压患者饮酒时应注意下列几个问题:

(1)饮低度酒(黄酒、葡萄酒等),不应饮烈性酒(白酒);

(2)忌天天饮酒或餐餐饮酒,饮酒次数要少;

(3)控制饮酒量;

(4)苦闷、烦恼、愤怒等情绪不佳时不要饮酒;

(5)忌空腹饮酒,防止酒精对中枢神经、消化系统和循环系统的损害;

(8)严重冠心病(心梗)、高血压患者应戒酒。

65. 夏天饮绍兴黄酒有何功效？

有的饮用者认为黄酒后劲太足,在夏天饮酒对人体有害,其实这完全是对黄酒的一种误解。夏季由于气温较高,人体代谢速度加快,体表通过大量出汗将体内的代谢产物排出体外,人体能量消耗很大,为维持机体正常的生理代谢功能,机体对各种营养素的需求量也随之增加,而人体所需的各种营养素在绍兴黄酒中的含量比较全面,也相当高,且可为人体直接吸收。所以,夏季适量饮用黄酒不但可以补充人体正常生理代谢所需的大量营养素,维持体内能量和营养平衡,而且可以促进血液循环,加速体内代谢产物的排泄,改善人体内环境,提高心血管系统的抗病能力。关于这一功能,医学家李时珍也有论述:"少饮则和血行气,壮神御寒……若夫暑月饮之,汗出而膈快身凉;赤目洗之,泪出而肿消赤散,此乃从治之方焉。"因此,黄酒应加大宣传力度,大力倡导夏季适量饮用黄酒,这对于增强体力,补充营养,提高机体免疫力,延缓大脑衰老有百利而无一害。对于夏季黄酒的饮用,可视各人兴趣爱好不同,既可与其他酒类或果汁兑制鸡尾酒,也可以冰镇或在酒中加冰块饮用,这样既降低了酒温,又降低了酒精度,饮后更感爽口宜人。

66．冬天饮绍兴黄酒有何作用？

白酒虽对中药溶解效果较好,但饮用时刺激较大,不善饮酒者易出现腹泻、瘙痒等现象。啤酒则因酒精度太低,不利于中药有效成分的溶解和析出。而黄酒的酒精度适中,是较为理想的药引子。此外,黄酒还是中药膏、丹、丸、散的重要辅助原料。黄酒气味苦、甘、辛、大热,主行药势,能杀百邪恶毒、通经络、行血脉、温脾胃、养皮肤、散湿气、扶肝、除风下气、活血、利小便等。冬天温饮黄酒,可活血祛寒、通经活络,能有效抵御寒冷刺激,预防感冒。

黄酒的饮用,可根据酒的品种和气候不同分为热饮和冷饮两种。元红酒在饮用时需微温,并以鸡、鸭肉等佐餐,若用黑枣浸泡后饮用,口味更佳。加饭酒在饮用时微温,酒味特别芳香醇厚,可用冷盘菜下酒,也可与元红酒兑后饮用。在冬季,黄酒加点姜片煮后饮用,既可活血祛寒,又可开胃健脾。香雪酒不需加温,可在饭前或饭后饮用,如与汽水、冰块兑饮,效果更好。

67．饮用绍兴黄酒应注意哪些事项？

饮过量绍兴黄酒,受损伤的是胃(表现为呕吐)、大脑和小脑(表现为神志不清,头昏)、肝(表现为面红耳赤)、肾(表现为脸面青白、尿赤或排尿不正常)。饮绍兴黄酒除了不能过量以外,还有以下几点值得注意。

(1)剧烈运动后不要急着喝酒,尤其是不能喝冰镇酒,剧烈运动后大汗淋漓、毛孔扩张,此时喝酒对身体不利。

(2)喝酒时应多吃含叶酸的食物,如番茄、菠菜等蔬菜。

(3)喝酒前喝一杯牛奶可以缓解酒劲,喝酒过程中应多吃点醋,可以解酒。

(4)饮酒时,不宜吃太咸的食物。

(5)黄酒最好是烫热后再饮,酒温热到 50～70℃即可,切忌直火加温。

(6)民间流行的"喝浓茶解酒"的说法是没有科学根据的,茶叶中的茶多酚有一定的保肝、护肝作用,但浓茶中的茶碱可使血管收缩、血压上升,反而会加剧头疼,因此酒醉后可以喝点淡茶,但不要喝浓茶。

(7)不要天天、餐餐不离酒,因为酒精在人体内要经过一周时间才能全部排出体外。

(8)酒不宜夜饮。《本草纲目》有载:"人知戒早饮,而不知夜饮更甚。既醉且饱,睡而就枕,热拥伤心伤目。夜气收敛,酒以发之,乱其清明,劳其脾胃,停湿生疮,动火助欲,因而致病者多矣。"由此可见,之所以戒夜饮,主要是因为夜气收敛,而所饮之酒不能发散,热壅于里,有伤心伤目之弊。

68. 酒后饮茶有何利弊?

茶有利尿作用,酒后适量饮些淡茶水,有助于酒精排出,可较快地解除醉酒状态。而以浓茶解酒不但不科学,而且有伤身体,故目前主张酒后不宜饮浓茶。早在明朝李时珍的《本草纲目》中,就明确记载了酒后饮浓茶的危害:"酒后饮茶伤肾,腰腿坠重,膀胱冷痛;兼患痰饮水肿、消渴挛痛之疾。"酒后喝浓茶,确实会对肾脏造成不良影响。饮酒后,酒中的乙醇通过胃肠道进入血液,在肝脏中转化为乙醛,乙醛再转化为乙酸,乙酸再分解成二氧化碳和水而排出体外。茶的主要成分茶碱有利尿作用,浓茶中的大量茶碱更能迅速发挥利尿作用,促使尚未分解的乙醛过早地进入肾脏,而乙醛对肾脏有较大的刺激作用,会影响肾功能、损害泌尿系统,所以经常酒后喝浓茶的人易发生肾病。

医学研究还表明,酒精对心血管有很大的刺激性,而浓茶同样有兴奋心脏的作用,喝完酒后再喝茶,更增加了对心脏的刺激作用,这对于心脏功能欠佳的人是很不利的。所以,酒后、醉后最好不要立即喝茶,尤其不能喝浓茶,以防不测。

保护身体健康,最好当然是有节制地喝酒,不过量,不酗酒,避免空腹饮酒。节假日里难免喝得多一些,那么酒后及时喝点果汁,会有较好的解酒效果;还可以喝些热汤,尤其是姜丝炖鱼汤的解酒功效更好;喝酒时多吃糖醋类下酒菜,也有一定的解酒效果,因为醋和酒能在体内形成乙酸乙酯,有解酒作用。

69. 为什么说烟酒不能同用?

有人总喜欢饮酒时不停地抽烟,其实,这是一种比单独喝酒或单独吸烟更加有害健康的坏习惯。吸烟者的喉癌发病率比不吸烟者高出 10 倍,而吸烟同时又饮酒的人,喉癌发病率比单纯吸烟者又高出 8 倍多。我国有学者统计,喉癌患者中男性 3/4、女性 1/3 是每天晚上喝酒的人。吸烟同时饮酒,对人体的危害加剧,是烟草和酒精协同作用的结果。酒精是烟草中致癌毒物很好的溶剂,烟草中的毒物可以很快溶解于酒精中,随酒精进入人体。由于酒精具有扩张血管和加速血液循环的作用,因此烟草毒素可以迅速随血液抵达人体各部位。边吸烟、边饮酒还使得人体血液对烟草毒物的溶解量增大,这时大量进入人体内的尼古丁等烟草毒素需要靠肝脏来解毒,可是酒精却直接破坏了肝脏的解毒功能,于是人体受烟草中有毒物质的危害就更大、更深了。

70. 烟酒不分家的危害有哪些?

研究证明,烟酒不分家的人,其危害最易表现为以下三个方面。

(1)会加重酗酒程度。最近,美国得克萨斯大学健康科学中心的科研人员研究发现,香烟中的尼古丁可明显地降低血液中的酒精浓度,因此抽烟者比不抽烟者酒量要大。研究者指出,酗酒者追求的是一种"中毒"效果。由于尼古丁能降低血液中的酒精浓度,抽烟的酗酒者不能很快得到这种感觉,因此就要去喝更多的酒。而尼古丁虽能降低酒精浓度,却不能减少酒精分解时产生的乙醛量,致使乙醛对大脑以及肝脏、心脏和其他器官产生更多的毒害。

(2)容易诱发食管癌。国外一研究小组对抽烟喝酒与癌症的关系进行了大样本、综合性的分析。在对5种癌症进行了2600个科目的研究后证实,每天饮1~3次温和、少量的酒不会增加食管癌风险,但常饮烈性酒者患食道癌的概率是非饮酒者的24倍,尤其是饮酒时又多抽烟的人会使食管癌的风险骤增100倍。原因是香烟中含有上千种化学物质,所含大量的有害物质中包括了50多种致癌物。这些物质被烟蒂燃烧后产生的焦油物质所覆盖,贮存在口腔、鼻腔、咽喉部和肺内。吸烟已被公认是导致肺癌的最重要因素之一,而饮酒同时吸烟会对致癌产生"叠加"效应,吸烟者吸入一口烟、同时喝下一口酒,便会将口腔内和咽喉部位的焦油物质冲刷下去。尽管酒精本身算不上一种致癌物,但它是一种有机溶剂,会溶解香烟中的致癌物及其他有害物质,酒精不断刺激食管壁并导致黏膜充血,烟草中的致癌物在吞咽过程也会强烈地刺激食道,久而久之就很容易导致食道癌的发生。

(3)加重对心血管和肝脏的损害。烟酒"双管齐下"产生的是一种协同效应,两害相加不仅使致癌风险增加,而且还会使烟酒中各种"毒素"易于通过黏膜层而扩散到血液中,给健康造成诸多危害,特别是对肝脏和心血管的伤害不容忽视。因为,肝脏这个"化学工厂"要代谢95％的酒精,变成其他化学物质,这就加重了肝脏的负担,使它的代谢解毒功能下降,从而造成肝脏清除血液中脂肪的功能降低,过剩的脂类物质就会堵塞毛细血管,使携带营养和氧气的血红细胞很难到达身体的各个部位。另外,边饮酒边吸烟时,烟中的一氧化碳又与血液中的血红蛋白结合起来(一氧化碳与血红蛋白的结合能力比氧气与血红蛋白的结合能力高 200 多倍），这就会严重削弱血红细胞运送氧气的能力，将明显导致血液中的氧气缺乏。对于患有心脑血管疾病的人，烟酒"同行"还容易诱发心肌梗死和高血压等，个别人甚至会出现部分脑细胞死亡的严重后果。

71. 嗜酒者易饥饿的原因是什么？

嗜酒者，即便是嗜酒时间较短的，酒后也常常会有一种饥饿的感觉。人若每天喝 200 毫升烈性酒，持续半个月，就会引起消化系统紊乱。此时，人的小肠不但不吸收食物中的维生素和无机物，反而会分泌出一种液体，促使食物不经消化吸收就被排出体外。而且由于嗜酒者的饮食往往不平衡，就更加重了上述不良影响。因此，酒精会导致饥饿，甚至营养不良。但是，只要戒了酒，这些异常现象就会很快消失而使身体恢复正常。

长期饮酒过量的主要危险是肝硬化，但嗜酒者发生营养不良或肠功能紊乱的比例要比肝硬化高得多。

72. 哪些人不宜喝黄酒？

（1）肝炎患者：黄酒含有酒精，进入人体后酒精能直接损害肝细胞的生理功能，使肝细胞坏死，病情迅速恶化。因此，肝炎患者不仅在肝病发作期不宜饮酒，而且肝炎治愈几年后也不宜饮酒。脂肪肝、肝硬化等肝病患者也不宜喝酒。

（2）糖尿病患者：糖尿病患者饮酒会加重本来解毒功能已经较差的肝脏的负担，使胰腺分泌的消化酶和胰液成分发生改变，导致胰液内蛋白质过分浓缩，堵塞胰管，易患胰腺结石。饮酒还会降低机体的抵抗能力，使病情加重。

（3）感冒患者：感冒患者多半有不同程度的体温升高而服用扑热息痛片等药物，一旦饮用黄酒，两者产生的代谢物会对肝脏产生严重的损害。

（4）口腔溃疡者：饮酒可引起多种维生素缺乏，包括维生素 B_1、B_6、A、D、E 和叶酸等，从而使人体营养缺乏，溃疡加重。

（5）胃十二指肠溃疡者：饮酒容易导致胃穿孔，表现为腹痛难忍，反复呕吐，腹如板状，全腹压痛。如损及胃肠血管，则呕吐咖啡色或血性液体，解出柏油样大便，出血过多者可致晕厥、休克。

（6）育龄妇女：女性饮酒可导致月经紊乱，损害生殖能力，阻止受孕或增加自然流产率。酒精对胎儿和婴儿的发育有不良影响，可造成畸形和智力发育迟缓，严重的可导致胎儿酒精综合征。

（7）儿童：儿童正处于生长发育阶段，各个器官都很娇嫩，对不良刺激的耐受性较低，即使喝少量酒精度数低的黄酒也会产生不良影响。易引起咽炎、扁桃体炎和气管炎等。酒精刺激胃黏膜，可引起胃炎。酒精吸收入血液后，由肝脏进行代谢解毒，小儿尚未发育完善的肝脏将不堪重负而受损伤，肝功能会出现异常。酒精可毒害脑细胞，阻碍脑的正常发育，造成智力发育迟缓，注意力涣散，记忆力减退，学习成绩下降。另外，酒中含有色素、香精、防腐剂等人工合成物质，对孩子的健康也不利。

73. 适量饮酒可防癌吗？

两千多年前，手执《誓言》宣告医生神圣职责的希波克拉底，给后人留下了"红酒是健康保证"的结论；法国著名生物学家路易斯·帕斯特也发出了"喝最健康、最卫生的饮料——红酒"的倡议；美国研究人员发现，红酒除了传统上对于心血管疾病方面的有益作用外，每天一杯红酒还能降低人们患结肠癌的风险。

纽约斯托尼·布鲁克大学医学博士约瑟夫·安德森对 1700 名常规结肠癌患者的饮食和生活习惯进行了分析。结果显示，饮用红酒的人与那些没有饮用红酒的人相比，被确诊为有明显结肠肿瘤形成的概率低 68%。据安德森推测，这可能要归功于红酒中大量的白藜芦醇——一种抗杀真菌的化学物质。天然的白藜芦醇存在于酿造红酒的葡萄皮下面,被证实具有一定的抗癌功效。安德森博士强调,虽然得出了每天一杯红酒能防结肠癌的结论,但他们依然反对那些不饮酒的人为了降低结肠癌的风险而变成酒鬼。西班牙科学家也证明,适量饮用红葡萄酒能预防肺癌,不过饮用白葡萄酒却会提高患肺癌的风险。

国外的经验可适当借鉴。每日适量饮用绍兴黄酒,对防癌有一定的帮助。一般认为,食用蛋白质含量较低的食物,营养就较差,容易得胃癌;新鲜蔬菜和水果缺乏,也容易得胃癌。此外,情绪忧郁,常生"闷气",也是一种致胃癌的因素。而适量或少量饮酒,伴以佳肴,营养水平就可以提高。另外,饮酒消忧畅意,解除情绪上的疙瘩,也有利于防胃癌。

食管癌一般也是营养不良所致。饮酒加美食,也可预防。治疗食管癌的某些药物也需用酒制作,或在药中加酒,以利药效到达癌肿部位。食管癌患者常吞咽困难,如饮一些蛇胆酒,则可以改善症状;也可用酒调玉枢丹咽下。

需要强调的是,饮酒防癌应强调适度饮酒,饮质量好的酒,要戒酸、戒浊、戒生,更忌暴食暴饮。反对那些不会饮酒的人为了降低癌症的风险而学会喝酒。

74. 嗜酒可致癌吗?

嗜酒与多种癌症的发生有关,主要是口腔癌、咽喉癌、食管癌和肝癌,也可能与直肠癌、结肠癌和乳腺癌等有关。

乙醇(酒精)致癌的作用方式目前尚不十分清楚。据推测,酒中可能溶解了某些致癌物质,饮用这种污染的酒,可诱发癌症。有人认为,酒可能是一种促癌剂。如酿造酒的粮食受黄曲霉菌污染,乙醇中就可含有黄曲霉素等致癌物。国外有学者对158种不同品牌的啤酒进行分析,结果发现70%的啤酒中含有致癌物——亚硝胺。另外,进入体内的乙醇,约95%在肝脏中进行分解代谢,大量饮酒使肝脏负担加重,可导致肝硬化,此时,肝脏处理有毒物质(包括致癌物质)的能力降低,可诱发肝癌。

乙醇饮料,无论啤酒、葡萄酒、黄酒或白酒,都可诱发癌症。癌症的发生与饮酒量有一定的关系,一般认为,偶尔饮少量酒无明显诱发癌症的作用,而长期嗜酒者癌症发生的危险性明显增加。例如,嗜酒者发生乳腺癌的危险性比不饮酒者或偶尔少量饮酒者平均增高1.5倍,而且酒量越大,发生乳腺癌的危险性也越高。在许多国家,饮酒习惯极为普遍,乳腺癌的发病率也很高。还有人调查发现,饮酒,尤其饮啤酒,与直肠癌的发生关系密切。

饮酒与吸烟是生活和社交活动中常见的习惯,但两者之间有很强的协同致癌作用。现在,有学者将吸烟视为一种生活方式病。同时大量吸烟和酗酒所造成的致癌危险,比单独吸烟或单独喝酒的致癌危险成倍增加。法国的布列塔尼调查资料显示,每天吸烟在30支以上、同时饮酒121克乙醇以上(通常饮1小杯白酒或1大杯啤酒,大体上相当于10～12克乙醇)的人,食管癌的发病率比每天吸烟在9支以下和饮酒40克乙醇以下的人高出155倍。此外,有人认为,饮酒和慢性乙型肝炎在肝癌的发生上也有协同作用。

75. 服哪些药前后不能饮酒?

少量饮酒不碍健康,用酒浸泡中药制成药酒还可以治病。但是,在服用某些西药时则不能饮酒,更不能将西药片投入酒中作药酒,因为酒与西药容易发生化学反应,可降低疗效,增加毒性反应。据估计,约有百种以上药物在服用期间应该忌酒,如酒后服痢特灵等药,就会出现心律失常、血压升高等反应;酒后服镇静药、催眠药、抗癫痫药、抗过敏药、降压药等,一方面可增加药物对大脑的抑制作用,另一方面又使药力陡增,超过人体正常耐受量,容易发生危险。特别是年老体弱或患有心、肝、肾疾病的人,更应避免酒后服药。

（1）解热镇痛药如阿司匹林、扑热息痛、去痛片等与酒同用，可导致消化道出血。

（2）睡眠不佳、多梦、心悸的患者服用鲁米那、苯巴比妥、速可眠、水合氯醛、利眠宁、安定、安眠酮等中枢抑制药时，若饮酒，可能使神经反应性降低，可导致意识障碍及昏迷，严重者可因呼吸衰竭而死亡。世界著名喜剧大师卓别林之死，就是由酒后服用安眠药导致。

（3）使用降糖药如优降糖、二甲双胍、胰岛素、降糖灵期间大量饮酒，可致低血糖昏迷而危及生命。

（4）抗心绞痛药物如硝酸甘油、心痛定、消心痛等与酒同服，可致血压骤降，甚至休克。

（5）高血压病、冠心病患者在服用利血平、胍乙啶、复方降压片、优降灵、地巴唑、消心痛、速尿等药物时不能喝酒，因为酒后可能使乙醇的麻醉作用增强，外周血管扩张，加上降压药的协同作用，最容易发生低血压，甚至休克而危及生命。

（6）胃蛋白酶合剂若与酒同服，可引起胃蛋白酶的凝聚而使疗效降低。

（7）抗过敏药物如氯苯那敏（扑尔敏）、苯海拉明、异丙嗪（非那更）等，由于具有镇静作用，服药后不宜饮酒，特别是大量饮酒之后更应忌服此类药物。

（8）服用利福平、甲硝唑（灭滴灵）、异丙嗪、巴比妥类药、奋乃静、氯丙嗪、帕吉林（优降宁）、灰黄霉素、胰岛素、吲哚美辛（消炎痛）、吡罗昔康（炎痛喜康）等药物后均不宜饮酒，否则会增加酒精毒性和导致药物中毒。

76. 绍兴黄酒的下酒菜有哪些？

喝酒必须有下酒菜，这是符合营养卫生科学要求的。因为饮酒会影响身体的新陈代谢，损耗体内的蛋白质，因此，食用一些含蛋白质多的下酒菜，如松花蛋、花生米、鸡、鸭、鱼、排骨、瘦肉等菜肴，都很合适。但富含蛋白质的下酒菜都是酸性食物,为保持体内酸碱平衡,喝酒吃这些菜肴时,还需要再吃些碱性食物以保持体内酸碱平衡,如各种蔬菜、水果等。

酒里所含的酒精对肝脏有一定的刺激作用。因此,饮酒选择下酒菜时,还要考虑到应有利于保护肝脏。糖对肝脏有保护作用,故最好制作一些带糖的菜肴,如拔丝山药、糖水水果罐头、糖醋鱼等,并且还可喝点甜饮料。醋和豆腐有解酒作用,可吃些醋拌菜,汤菜里放点醋,再配个豆腐菜等。豆制品中含有丰富的半胱氨酸,它能加速将乙醇从人体中排出,可以减轻酒精对人体的毒害。

黄酒的下酒菜,滋味不用过足,只要清淡、鲜香就好。绍兴的咸亨酒店内,喝黄酒时的下酒菜通常只是简单的盐水煮花生、茴香豆、豆腐干、鱼干等。

到了螃蟹上市的季节,味道鲜美的螃蟹则成了喝黄酒时的好搭配。并且,由于螃蟹为寒性食物,且腥味较重,吃时喝杯性温的黄酒,不但能去寒,更能除腥。

(1)豆类:茴香豆、盐青豆、笋煮豆、爆开豆、芽罗汉豆、盐水带壳鲜毛豆、带壳鲜蚕豆、鲜罗汉豆、霉毛豆等。

(2)螺蛳类:酱烧螺蛳、炒螺蛳、红烧田螺等。

(3)鱼类:鲳条干、油爆小鱼、酥鱼、葱烧小鲫鱼、鱼干等。

(4)家禽类:酱鸭、麻雀、白斩鸡,以及饭店的下脚"飞"(禽翅)、"叫"(禽首)、"跳"(禽爪)等。

(5)其他:喜蛋、大菱、酱大菱、大红袍(花生肉)、咸煮花生、虾干、河虾、河蟹等。

菜肴搭配:元红酒一般以鸡、鸭、肉、蛋类为下酒菜,最感适口;加饭(花雕)酒佐以水产海鲜、时令冷盘为最佳;善酿酒配以甜味菜肴或糕点最为适宜。

77. 人们对黄酒的认识有哪些误区？

（1）饮酒治腰痛：有些老年人患腰痛，常用饮酒来治疗疼痛。专家认为，饮酒不可能治好腰痛，老年人由于内脏功能退化，肝功能减退，对酒精的耐受性势必降低。如果把饮酒作为治疗腰痛的手段，天天饮酒，就有可能因饮酒过多而对肝脏造成新的损害。因此"饮酒治腰痛"并不可取。

（2）饮酒能助眠：有人认为，睡前饮酒可助睡眠。其实这种做法十分有害。因为，饮酒虽可暂时性抑制大脑中枢神经系统活动，使人加快入眠，然而酒后引起的睡眠并非真正意义上的生理性睡眠，此时大脑活动并未停止，甚至比不睡时还要活跃得多，大脑并未得到休息，因而在酒醒后常会感到头昏、头胀、头痛等不适。经常夜饮后入睡，还可能导致酒精中毒性精神病、神经炎及肝脏疾病等。所以，失眠者切莫以饮酒助眠。

（3）饮酒能消愁：借酒消愁，在情绪上可得到暂时性的宽解。饮酒后，平时被压抑的情绪就可以显露出来，陷入一种原始的情绪状态之中，出现狂喜、暴怒、悲痛、绝望等表现。这时，很容易被区区小事、琐事激怒，或痛哭流涕。长此以往，性格将逐渐发生变化，表现为工作上不负责任，自尊心丧失，自私自利，好自我吹嘘等。

（4）饮酒能助性：饮酒后可使性欲一时亢进，但往往缺乏温情，行为鲁莽，使妻子感到憎恶。另外，长期饮酒造成慢性酒精中毒时，性功能往往是减退的。

78. 健康饮酒的原则是什么？

饮酒要健康，应当遵循以下六大原则：

（1）酒不与咖啡同饮：酒精易伤身，而咖啡因具有兴奋、提神和健胃的作用，若过量亦可造成中毒。酒精若与咖啡同饮，犹如火上浇油,可加重对大脑的伤害,并刺激血管扩张,加快血液循环,增加心血管负担,其造成的危害将超过单纯喝酒许多倍,甚至更容易危及生命。

(2)感冒后不喝酒:感冒者喝酒会加重病情。因为感冒患者,尤其是严重者大多伴有发热症状,此时通常要服用一些退烧药。退烧药多含有扑热息痛,一旦饮用了白酒、烈性酒,两者产生的代谢产物对肝脏将产生严重损害,直至完全坏死。

(3)肝病患者应禁酒:急性肝炎、脂肪肝、肝硬化、肝病伴有糖尿病的人应绝对禁酒,包括啤酒。肝炎恢复期和慢性迁延性肝炎患者在肝功能基本正常的情况下,可酌量饮用啤酒,因为啤酒有促进消化液分泌、增进食欲的作用,同时啤酒里还含有多种氨基酸和 B 族维生素,但一般一天不要超过半升。

(4)酒后不宜喝茶:酒后饮茶,特别是饮浓茶,不是一种好习惯。因为人喝酒后 80% 的酒精由肝脏将其逐渐分解成水和二氧化碳并排出体外,从而起到解酒作用。这一分解过程一般需要 2～4 个小时,如果酒后立即饮茶,会使酒中的乙醛通过肾脏迅速排出体外,而使肾脏受到损伤,从而降低肾脏功能。同时,过多饮茶,摄入水分过多,也会增加心脏和肾脏的负担,这对于患有高血压、心绞痛的冠心病患者更为不利。所以,酒后吃点梨、西瓜之类的水果较为适宜。

(5)酒后不宜服药:酒类都含有不同程度的酒精,有上百种药物在酒后服用时可能会增加毒副作用。

(6)酗酒后勿看电视:饮酒可使眼睛充血,若饮酒过多,则酒中的有害成分对眼睛会有较重的损伤,能使视神经萎缩,严重的甚至可导致失明。看电视可使视力衰退,而饮酒又损害视神经,故酗酒后看电视对视力的损伤很大。因此,饮酒后切勿急于看电视,老年人尤应注意。

79. 饮酒时应忌哪些事项?

(1)忌饮酒过量:"饮酒莫教大醉,大醉伤神损心志"。如高血压患者,饮酒过量有导致脑溢血的危险。因此,饮酒要"适可而止"。

(2)忌"一饮而尽":饮酒过猛时,酒中的酒精会使大脑皮层处于不正常的兴奋或麻痹状态,这样人就会失去控制,动脉硬化患者甚至会出现脑血管意外。

(3)忌空腹饮酒:空腹饮酒,特别是饮高浓度的酒,对口腔、食道、胃都有损害。实验表明,空腹开怀畅饮只要 30 分钟,酒精对机体的毒性反应便能达到高峰。埋头喝闷酒或饮赌气酒都是容易醉倒的,所以在饮酒前应先吃点食品,使体内分解酒精的酶活力增强,以起到保护肝脏的作用。

(4)忌喝冷酒:将酒烫热一些就可以使大部分乙醛等有害物质挥发掉,这样对人身体的危害就会减少。

(5)忌饮掺混酒:酒分为发酵酒(如黄酒、啤酒)和蒸馏酒(如白酒)两种。发酵酒的酒精含量少,但质杂,如与酒精浓度高的蒸馏酒混饮,易引起头痛、恶心等不良反应,而且易醉。

(6)忌酒和汽水同饮:当酒和汽水一起进入人体内、掺和以后,可使酒精很快散布到人的全身,并且产生大量的二氧化碳,对人的肠胃、肝脏、肾脏等器官都有损害。二氧化碳会刺激胃黏膜,减少胃酸分泌并影响消化酶的产生。患有肠胃病的人如饮酒后又大量喝汽水,还会造成胃和十二指肠大出血。血压不正常的人可因汽水促进酒精迅速渗透到中枢神经,导致血压迅速上升。

(7)忌边饮酒边吸烟:酒精能使血管扩张及血液循环加快,而香烟中的有毒物质尼古丁等又极易溶于酒水,所以,饮酒时吸烟,就加快了人体对香烟中尼古丁的吸收。此外,由于酒精的毒性作用,可影响肝脏对尼古丁等有毒物质的解毒功能,因而饮酒时吸烟对人体的危害极大。

(8)忌酒后受凉:由于酒精的刺激,使体表血管扩张、血流加快、皮肤发红,体温散发增加,体温调节失去平衡,故酒后受凉易生疾患。例如,酒后外出容易感冒和冻伤;酒后用冷水洗脸易生疮疖;酒后在电风扇下吹凉,易出现偏头痛;酒后当风卧,易患各种风疾;酒后在露天宿卧,易得麻痹和脚气病。

(9)忌酒后洗澡:酒后洗澡可使体内储备的葡萄糖消耗加快,易使血糖下降,体温急剧下降,而酒精又能阻碍肝脏对葡萄糖储存的恢复,易使人发生休克,所以酒后不应马上洗澡,以防不测。另据报道,酒后立即洗澡容易发生眼疾,甚至会使血压升高。

(10)忌酒后喷农药:人饮酒后,酒精进入血液,刺激体温调节中枢,促使皮肤和黏膜上的血管扩张、血流量增加,通透性同时增加。此时,如果皮肤沾染上有毒药物,或弥散在空气中的农药被吸入到呼吸道黏膜上,就会加快人体对有毒药物的吸收,使农药更多地通过皮肤和黏膜进入体内,导致中毒或加重中毒程度。

(11)忌睡前饮酒:睡前饮中等量酒精,可出现严重呼吸间断,危害健康。睡前饮酒容易导致睡眠呼吸暂停,这种暂停可持续10秒或更长一些,其发生率常常两倍于不饮酒者。睡眠呼吸暂停若发生多次,可导致高血压,甚至心脏破裂、心衰。专家还警告,长期的睡前大量饮酒,会导致成人突发性死亡综合征。

(12)忌酒后马上用药:饮酒后,酒精对人体的神经系统有一个短暂的兴奋作用,随后即转为抑制状态,使大脑神经系统的反应性降低。如果此时服用镇静、安眠药,或者服用具有镇静作用的抗过敏药物(如扑尔敏、非那更、苯海拉明等),以及含有上述成分的感冒药(如克感敏、速效伤风胶囊、维C感冒片等),就可能因酒精和药物的双重抑制作用而导致血压下降、心跳减慢、呼吸困难,甚至造成死亡。

(13)忌带病饮酒:有些患者是不宜饮酒的,特别是肝胆疾病、心血管疾病、胃或十二指肠溃疡、癫痫、老年痴呆、肥胖患者等。例如,患肝炎或患其他肝病的人应该禁酒,即使是酒精含量很低的啤酒,也不应该饮用,以免加重病情。这是因为酒精能阻止肝糖元的合成,使周围组织的脂肪进入肝内,并能加速肝脏合成脂肪的速度。这样,肝炎患者在肝细胞大量受到破坏的情况下,就比较容易形成脂肪肝。同时乙醇在肝内,先要变成乙醛,再变成乙酸,才能继续参加三羧酸循环,进行彻底的代谢,最后被氧化成二氧化碳和水,同时释放出能量,以供人体活动时的消耗。肝炎患者由于乙醛在肝脏内氧化成乙酸的功能降低,使乙醛在肝内积蓄起来。而乙醛是一种有毒物质,可对肝脏的实质细胞产生直接的毒害作用。

(14)忌孕期饮酒:酒中的酒精能通过血液危害胎儿,胎儿越小,对有害因素就越敏感。饮酒会使胎儿的大脑、心脏受酒精的毒害,造成胎儿发育迟缓,死亡率提高,出生后对智能也有影响。美国圣地亚哥医学专家的一项研究表明:7 名在妊娠期间一直过量饮酒的妇女中,有 1 名流产,2 名所生的婴儿患胎儿酒精综合征,4 名足月婴儿的体重比不饮酒和仅少量饮酒的妇女生的婴儿轻。

80. 为什么规定酒后禁止驾车?

机动车是一种速度快、惯性大的交通工具,它要求驾驶者在行车时必须保持清醒的头脑,对于道路上瞬息万变的交通情况要迅速作出判断,并采取恰当的技术措施以保证交通安全。而在饮酒后,人的血液中酒精浓度会升高,从而出现中枢神经麻痹,自制力降低,视力下降、视线变窄,注意力不集中,身体平衡感减弱等状况,导致驾驶者运动机能低下,操纵制动、加速、离合器踏板时反应迟钝、行动迟缓等,极易引发因转弯不够而飞出路外或撞到建筑物上、无视过路行人而将其撞伤,以及无视交通信号或不注意交叉路口甚至转错方向盘而撞上迎面驶来的车辆等事故。

人在饮酒后,神经系统会受到不同程度的影响。首先,酒精会让人兴奋。酒精对人的大脑有短时间的刺激作用,很多人在饮酒后会精神亢奋,在这种状态下,超速驾车或玩命飙车在所难免。其次,酒精会让人的视觉能力变差。正常状态下,一般人的外围视界是

180°,但在饮酒后,人的视觉角度会缩小,就加大了对周围景物的辨别难度。酒精还会分散驾驶者的凝视力和视线焦点,使其看不准目标。再者,酒精会使人反应迟钝,甚至行为失控。这时候酒精是一种麻醉剂,对运动神经有抑制作用。

世界卫生组织的报告显示:当驾驶人血液中酒精含量达 80 毫克/100 毫升水平时(约相当于饮用 3 瓶 500 毫升的啤酒或一两半即 80 毫升 56 度白酒),发生交通事故的概率是血液中不含酒精时的 2.5 倍;达 100 毫克/100 毫升水平时(约相当于饮用 3 瓶半 500 毫升啤酒或二两即 100 毫升 56 度白酒),发生交通事故的机会是血液中不含酒精时的 4.7 倍。由此可见,即使在少量饮酒的状态下,发生交通事故的危险度也可达到未饮酒状态的 2 倍左右。

81. 为什么说酒后看电视利少弊多?

饮酒可抗辐射。长时间看电视,电视荧光屏的辐射对人体有害。如果看电视前适量饮酒,就不必担心电视的微量辐射了。因为酒中含有的酒精成分能吸收并中和射线所产生的有毒成分,从而使生物体内的细胞免受伤害。所以,看电视前适量饮酒对身体健康是有好处的。但另一方面,酒后看电视对眼睛不利。有研究发现,人在正常情况下,连续收看 4~5 个小时的电视节目,视力会暂时减退 30%(尤其是彩电),会因大量消耗视网膜上圆柱细胞中的视紫红质,使视力衰退。

若长期饮酒,特别是酗酒,则对眼睛有较严重的损伤。因为酒中的残留甲醇能使视神经萎缩。所以,酒后看电视应多加注意,眼睛不要正对屏幕,并且要坐在离电视机 1.5 米以外的地方。

82. 酒后头痛的原因是什么?

喝酒头痛(俗称打头)是一个非常普遍的现象。平时人们在选酒

时,往往都非常关注是否"打头",这也是酿酒行业内最忌讳的一个词。酒精引起头痛的原因有很多,目前认为与以下这些因素有关:

(1)酒精可抑制抗利尿激素的分泌。而大量利尿可使人体水分丢失、脑细胞脱水,导致口渴和头痛。

(2)酒精抑制神经系统,引起睡眠紊乱,导致宿醉。

(3)酒精的主要代谢产物,如乙醛可引起血管扩张,导致脸面部潮红、搏动性头痛、心慌、恶心等症状。

(4)饮酒会引起血糖降低,脑细胞缺乏能量供应时可出现头痛。

(5)许多酒含有高浓度组织胺,这也是造成头痛的常见原因之一。

饮酒过多能降低脑血流量,使脑组织缺血、缺氧,从而使大量的脑局部代谢产物如乳酸、氢离子、钾离子、腺苷、前列腺素、儿茶酚胺类物质潴留,导致脑血管扩张而引起头痛。此外,进入体内的酒精能使血液的纤溶能力下降,凝血因子活性增加;还能导致血小板生成异常,小血管麻痹,其张力和通透性发生异常改变。这些也是酒后头痛的原因之一。

83. 杂醇油高是酒后头痛的主要原因吗?

有人认为杂醇油高是酒后头痛的主要原因。杂醇油的中毒和麻醉作用比酒精强,能使神经系统充血,使人头痛剧烈。特别是杂醇油在人体内的氧化速度比酒精慢,在机体内停留的时间长,有些人喝了酒以后,到第二天尽管不醉了,但还是头痛,这就是体内杂醇油渐渐起作用的结果。所以,国家规定杂醇油在酒中的含量不准超过 0.2 克/100 毫升。

84. 如何防治酒后头痛?

既然人在很多情况下不可避免地要喝酒,而且没有很好的治疗酒后头痛的方法,那么我们只能在预防上多下功夫。

(1)不要空腹饮酒。空腹时酒精吸收快,人容易喝醉。而且,空腹喝酒对胃肠道伤害大,容易引起胃出血、胃溃疡。

(2)在喝酒之前吃一些肉类等含脂肪多的食物,利用食物中的脂肪不易被消化的特性来保护胃肠道。

(3)不过快饮酒,让身体有足够的时间代谢酒精。

如过量饮酒后出现头痛等不适,可在饮酒后喝一些果汁、蜂蜜等以促进酒精的代谢,同时还可以补充人体丢失的水分。另外,应在睡前补充大量的水,醒后再补充一次,有助于缓解脱水引起的不适。

酒后头痛时用止痛药有害无利。

目前常用的止痛药有阿司匹林、扑热息痛、布洛芬等。阿司匹林会加重胃黏膜的损坏。喝酒后立即服用阿司匹林,药物会和酒精共同发挥损伤胃黏膜的作用,甚至会引起消化道出血。长期服用止痛药会加重酒精引起的肝、肾功能损害。

另外需注意的一点是,有些人为了饮酒后尽快入睡,服用安定等镇静催眠药物,这是非常危险的。因为,这样做可使中枢神经受到药物和乙醇的双重抑制,引起嗜睡、精神恍惚、昏迷、呼吸衰竭等,甚至可导致死亡。

虽然有些解酒药能抑制人体对酒精的反应,但它们对消除因酒精造成的抽象记忆受损、中枢神经系统抑制及脑组织脱水等副作用是没有帮助的。

由于饮酒过量而导致经常性头痛的人要去医院就诊,让医生帮你解决问题;同时,最好做一些相关检查,防止漏诊某些严重疾病。当然,不喝酒或饮酒适量、不酗酒才是最根本的防止酒后头痛的好办法。

85. 酒后口渴的原因是什么?

人们饮酒后,往往会感到口腔干渴。这是因为,含酒精的饮料进入人体以后，会刺激肾脏，加速肾脏的过滤作用，人体排尿比平时要勤。同时，当酒精溶于血液、进入人体细胞后，会促使细胞内的水分暂时渗透到细胞外，这也会导致体内储存的部分水分被排泄到体外。这种体液减少的状况通过神经反射，就会使人产生口渴的感觉。尤其是饮用过量的白酒后，人更感口渴。因此，人们在饮酒后，宜饮大量的白开水和淡茶水，以及时补充体内的水分。

86. 酒后是脸红好还是脸白好？

人体的血管受两种神经的支配，一种叫交感神经，兴奋时能促使血管扩张；另一种叫副交感神经，兴奋时能促使血管收缩，抑制时使血管扩张。平时，这两种神经互相协调支配血管的收缩和扩张。酒精能使交感神经兴奋，并抑制副交感神经，使血管比平时明显扩张。脸部皮肤薄，毛细血管又多，所以人喝酒之后脸会发红。

很多人认为，脸红是酒精导致的，其实是乙醛引起的。因为，乙醛具有使毛细血管扩张的功能。喝酒脸红的人意味着能迅速将乙醇转化成乙醛。也就是说，这些人有高效的乙醇脱氢酶，而没有乙醛脱氢酶。所以喝酒后体内迅速累积乙醛而迟迟不能代谢，就会长时间涨红了脸。1~2个小时后红色才会渐渐褪去，这主要是靠肝脏里的P450慢慢将乙醛转化成乙酸，然后进入血液循环而被代谢。

喝酒比较厉害的人往往越喝脸越白，但到某一个点就突然不行了，烂醉如泥。这是因为，这些人没有高活性的乙醇脱氢酶和乙醛脱氢酶，主要靠肝脏里的P450慢慢氧化（因为P450是特异性比较低的一组氧化酶）。这些人为什么会给人很能喝酒的感觉呢？那是因为他们靠体液来稀释酒精，个头越大感觉越能喝酒。在正常情况下，酒精浓度要超过0.1%才会昏迷，对大多数南方人来说差不多是半斤白酒，而北方人由于体型大，可以喝到8两到一斤白酒。如果是脸越喝越白的人，最好不要超过半斤白酒，不然有急性酒精中毒的可能性。

如果一个人既有高活性的乙醇脱氢酶,又有高活性的乙醛脱氢酶,那么,这个人就是酒篓子。在人群中,大概是十万分之一。

喝酒脸红的人其实不容易伤肝,而喝酒脸白的人特别容易伤肝。根据有关研究,江浙两省的人(古代吴国和越国的后代)似乎是红脸基因的起源地。也就是说,这些人多数带有高活性的乙醇脱氢酶。而北方人多数是白脸型的。

喝酒后,酒精在胃内会被分解吸收一部分,肝脏也能代谢过滤一部分。但过量饮酒,超过胃的分解及肝脏的代谢能力,剩余的酒精随血液流入大脑及全身,从而促使脸部皮下血管扩张,血量增加,脸色也就变红。如果在脸色已发红时仍继续饮酒,心跳就会加快,血管扩张,血压下降,为了保证体内主要脏器的血液供应,就必须收缩毛细血管使血压回升。到这时,面部末梢血管中的血流受阻,血量减少,脸就呈青色。

其实,从医学上来讲,喝酒脸红说明肝功能正常,属于健康的。

87. 为什么说打鼾者应戒酒?

打鼾,就是我们通常所说的睡觉时打呼噜。一个人如果睡眠时打鼾,旁人会认为其睡得很香很甜。事实上,这是一个很大的误区。打鼾并不代表睡眠质量好。相反,在庞大的打鼾人群中,有相当一部分人患有一种疾病——睡眠呼吸暂停综合征。

睡眠呼吸暂停综合征即睡觉时呼吸停止较长一段时间。造成睡眠呼吸暂停综合征主要有两个原因:(1)气道被"堵"了,即阻塞型睡眠呼吸暂停综合征。没有气流经过,呼吸自然就停了,此时气体虽然不能进出肺部,但胸、腹部呼吸运动仍然存在,患者竭力要恢复呼吸,往往呼吸活动相当剧烈,表现为打鼾,而且鼾声通常很大。90%以上的睡眠呼吸暂停综合征患者属于这个原因。(2)由于呼吸肌或支配呼吸肌的神经有病变,这种情况很少见。酒精能抑制中枢神经系统,使肌肉松弛、舌根后坠,导致上气道狭窄,引起或加重打鼾。

美国加州一所临床睡眠性疾病研究中心的专家曾对打鼾者提出忠告:睡觉时打鼾的人不宜饮酒。这家研究中心的科研人员还发现,一个健康的有打鼾习惯的人,在睡眠前 2 小时,虽然仅饮中等量的酒,但在入睡后,极易加重梗阻性睡眠呼吸暂停,从而发生严重的呼吸暂时中断现象。这种类型的呼吸暂停可延续 10 秒钟或更长的时间。这一现象对机体会产生短期和长期的不良影响:短期效应可以影响体内重要器官的氧供应;长期效应是由于这种现象经常发生,可导致肺动脉和全身动脉压力升高,不仅可引起高血压,还可干扰心脏正常的节律性活动,使其出现心律失常,甚至诱发更严重的心肌梗死、心脏功能障碍或中风。

为了身体健康,打鼾者还是以戒酒为好。如果偶尔少量饮酒,也应与就寝时间拉开,至少间隔 4 小时。

88. 绍兴黄酒越陈越好吗?

在人们的印象中,酒,尤其是白酒,存放得越久味道就越香,其实这是人们认识上的一个误区,酒与其他商品一样都有保质期。不是所有的酒都可以无限期地保存,如黄酒、葡萄酒、红酒、果酒等都有保质期。另外,人们对陈年酒的认识常常也是错误的,真正的"陈年酒"是指在密封的酒桶中酿造存放的酒,而不是家里用瓶密封的酒,装瓶后的酒最好在 3 年内喝完,存放时间过长即使不变质,也会出现酒精度降低、酒味变淡等品质下降的问题。

绍兴黄酒越陈越好,著名的绍兴"花雕酒",又名"女儿(红)酒",就是一种陈年酒。女儿(红)酒是一种集甜、酸、苦、辛、鲜、涩六味于一体的丰满酒体,加上有高出其他类酒的营养价值,因而形成了澄、香、醇、柔、绵、爽兼备的综合风格。

色:女儿(红)酒主要呈琥珀色,即橙色,透明澄澈,纯净可爱,使人赏心悦目。

香:女儿(红)酒有诱人的馥郁芳香,而且随着时间的久远而更为浓烈。

味：女儿（红）酒的味给人印象最深，主要是醇厚甘鲜，回味无穷。女儿（红）酒的味是六种味和谐地融合在一起。这六味即是甜味、酸味、苦味、辛味（辛辣）、鲜味、涩味，以上六味形成了女儿（红）酒不同寻常的"风格"，这是一种引人入胜、十分独特的风格。这种酒经过5年、8年或18年的陈酿，自然醇香无比。

89．饮酒可以御寒吗？

有人认为，饮酒可以御寒，然而事实并非如此。一般来说，饮酒可使呼吸加速、血管扩张、血液循环加快，热量消耗增加，因此饮酒能让人产生身上有点发热的感觉。由于酒里含有酒精，可引发短暂的神经兴奋，令全身有种温暖、舒适的错觉。其实，这不但不是酒精御寒的表现，反而是体温调节中枢发生紊乱的前兆。特别是当酒喝得过多时，可引起体温中枢功能失调，使热量丧失过多；同时，胃受酒精的麻醉，功能也明显下降，还会使人的产热功能进一步减弱。

另外，体表血管扩张会使部分应该流向内脏的血液，转而流向体表，影响内脏的血液供应，可能对内脏造成伤害。所以，利用饮酒来产生温暖是很划不来的。

尤其需要提醒的是，靠饮酒来御寒对老年人非常不利。老年人本身就对体温变化不敏感，如因喝酒引起体温中枢调节紊乱，会更容易损伤其调节体温的功能。所以，想御寒，最好进食有营养的食物，并多穿点衣服。

90．为什么说新婚夫妇不宜饮酒？

新婚夫妇在亲朋满座的婚庆酒宴中，习惯上必须饮酒庆祝，以表谢意。其实，这是一种不可取的习惯。科学研究发现，新郎、新娘双双醉酒入房，酒精将贻害下一代的健康。如必须饮酒，也建议酒后同房时做好避孕措施。

男性在同房前饮酒,可使其精子发生异常,进而危害胚胎的形成和生长;如果女性在受孕前后饮酒,会损伤受精卵,使染色体出现异常,可引起自然流产、胎儿发育不良,以及出生后婴儿智力障碍、反应迟钝、性格异常、身体矮小、体重低下、面部畸形等,医学上称这种现象为"胎儿酒精综合征"。目前,还没有仪器能探测饮酒致畸胎的状况,要想降低畸胎、低能儿的发生率,最好的方法是预防,新婚夫妇(女性饮酒影响更大)以及一切育龄夫妇都应注意这个问题,切勿掉以轻心。

91. 为什么说儿童和青少年不宜喝酒?

有的家长在饮酒时,喜欢用筷子蘸几滴酒喂孩子,或怂恿未成年的孩子喝几口酒。这种做法常常成为许多孩子染上酒癖的开端,以致给孩子的身心健康带来无穷的后患。

未成年人不宜饮酒,如需少量饮用含酒精饮料,应有成年人监督,并予以适当指导和劝阻。同时,提倡儿童和青少年人群不饮酒也符合我国有关法律、法规的规定。

(1)酒精是一种原生质毒物,它不仅能损害黏膜上皮细胞,诱发各种急性和慢性炎症及溃疡,还会促使黏膜细胞发生突变,导致口腔癌或食道癌。儿童和青少年正处在生长发育阶段,身体各个组织发育不成熟,口腔、食道黏膜细嫩,管壁浅薄,对各种异物刺激比较敏感。酒精不仅会刺激黏膜,影响胃酸和胃酶的分泌,从而导致消化不良,还可使血管充血受损,导致胃炎和胃溃疡。大量饮酒还会引起急性胰腺炎。

(2)酒精在人体内吸收快,但氧化分解慢,它在体内代谢过程中还要消耗较多的叶酸和维生素 B_1,因此,儿童和青少年长期饮酒还会造成营养不良和维生素缺乏症,影响正常的发育。

(3)酒精被人体吸收后,在体内主要靠肝脏解毒,而儿童和青少年的肝细胞分化不完全,肝组织脆弱,饮酒容易造成肝脾肿大,使血液中的胆红素、转氨酶及碱性磷酸酶增高,影响肝功能。

(4)儿童和青少年的神经系统及大脑尚未发育成熟,当酒精随血液到达大脑后,更容易对大脑细胞产生抑制或损害,使青少年的智力发育迟缓,注意力分散,记忆力减退,学习成绩下降。加上儿童和青少年自我节制能力较差,常喜欢打赌狂饮,容易醉酒生祸。另外,近年来研究表明,饮酒对儿童和青少年的生殖系统也有严重的不良影响。

儿童和青年人一般比成年人的身材更小,对酒精的耐受度也小,同时也缺乏饮酒的经验,没有饮酒行为的衡量尺度。有数据表明,喝酒年龄越小,在随后的时间内,受到酒精的危害就越大。应帮助儿童和青年人了解饮酒及酒精的危害,帮助他们对饮酒形成正确的认识,以减少酒精对他们的伤害。儿童和青年人饮酒有诸多弊端,为了儿童和青年人的健康成长,希望家长不要让孩子们染上饮酒的习惯。

92. 为什么孕妇不宜饮酒?

当一位妊娠妇女喝下一杯酒后,酒精就会通过她的血液到达胎盘并进入胎儿的血液,由于胎儿的代谢比母亲慢50%,因此当母亲次日清晨头痛消失很久之后,酒精仍可持续对胎儿产生不良影响。

胎儿酒精综合征是指由于胎儿期"饮酒"而导致的最严重的一系列影响,该综合征是儿童智力障碍的重要病因。患有胎儿酒精综合征的儿童或青少年可以表现为身高、体重低于正常同龄人,罹患脏器畸形,或面部和其他身体畸形,如小头、扁平脸、颈裂或唇裂、鼻短上翘,可造成听力障碍等,中枢神经系统功能也可出现障碍。如果一个儿童具备这些特点且其母亲有饮酒史,医生就可以诊断为胎儿酒精综合征。这些儿童都表现为严重的智力低下。

无论任何种族、任何阶层、任何妊娠年龄的嗜酒妇女都可能生出这种婴儿。当母亲严重饮酒时,她的婴儿患胎儿酒精综合征的概率为 30%～40%。

在妊娠的头 3 个月,孕妇饮酒可以损害胎儿的内脏和大脑;妊娠4～6 个月饮酒若未造成流产,就会影响胎儿的大小和智力发育;在妊娠的 7～9 个月,饮酒主要危害胎儿的智力发育。

父亲饮酒也可在第二代产生持续的行为和发育变化。酒精能损害基因结构,并在子代中引起畸形。经常饮酒的父亲所生的婴儿,比偶尔饮酒的父亲所生的婴儿体重平均低 181 克。

由于酒精对胎儿造成的损伤是先天性的,后天的治疗几乎很难改变疾病的病程。因此,预防至关重要。应及早给予诊断和治疗,对其进行特殊教育,使各种先天性缺陷得到弥补,为其提供重返社会的适当职业,尽可能使这部分患儿得到自身的最佳发展。

93. 为什么说胎盘抗御不了酒精对胎儿的毒害?

有人认为,胎盘既然可以保护胎儿,不受体内其他病毒和细菌的感染,那么也可以抗御酒精对胎儿的毒害。这种逻辑貌似合理,其实是非常错误的。孕妇即使只饮一点酒,做到了适量饮用,也会延缓胎儿的发育,减轻胎儿出生时的体重,甚至造成胎儿异常,或自然流产。因为任何微量的酒精,都能毫无阻挡地通过胎盘,进入胎儿体内,并且一点也不比其母体其他部位分布的少。

孕妇饮酒后,容易造成胎儿面部畸形,例如眼皮不正常、鼻子扁平、内侧眼角皮外翻、脸蛋扁平且窄小、鼻沟模糊、上嘴唇紧缩、下巴短等先天性畸形。这种受酒精毒害造成面部发育不健全的儿童,约占饮酒母亲所生子女的三分之一。

孕妇饮酒后,容易造成子女智商低,反应迟钝,甚至智障。而且孕妇有饮酒嗜好的,其婴儿死亡率高,可达 5.05%。

孕妇饮酒导致婴儿患心脏病者约占心脏病儿童的 30%。在西方,由于孕妇疯狂喝酒,致使婴儿生下来就夭折者,屡见不鲜。

孕妇饮酒的危害应该引起人们的高度重视。为了保障儿童的正常发育和健康成长,请孕妇不要饮酒。

94. 老年人饮酒应注意哪些?

老年人饮白酒应特别慎重,如果老年人患有心脑血管、肝、胃、十二指肠等脏器疾病,或在服药期间,最好不要饮酒。如果身体健康,以饮少量黄酒或葡萄酒为宜。

黄酒和葡萄酒是具有一高(营养价值高)三低(酒精含量低、含糖量低、热量低)特色的酒种。黄酒和葡萄酒能提高血液中 HDL-C(高密度脂蛋白)的浓度,HDL-C 可将血液中的胆固醇运入肝内,进行胆固醇—胆酸转化,防止胆固醇沉积于血管内膜,从而防治动脉硬化。黄酒和葡萄酒含有钾、钙、镁、铁、硒等微量元素。钾有保护心脏的作用,钙可被人体直接吸收,镁和硒有预防冠心病的功效。黄酒中的酚类化合物具有极强的抗氧化活性,能中和人体内的自由基,保持血管弹性,防止衰老。

老年人一定要饮酒的,建议喝黄酒或葡萄酒,以利于畅通血脉,开胃健脾,祛病强身,延年益寿。值得一提的是,经常饮用黄酒或葡萄酒的人,绝对不要忘记喝水,每天应喝水 1～1.5 升。黄酒和葡萄酒与一定的水融合,其防病作用和营养功能就会发挥得更加充分。另外,黄酒和葡萄酒最好在进餐时饮用,不仅能增加食欲,帮助消化,而且能更好地被人体吸收和利用。

95. 女性经期喝酒的危害有哪些?

如今,年轻女性喜欢喝酒的越来越多,这本无可厚非。不过,女性在月经来临前或行经期间,最好别喝酒,否则容易伤肝,易造成酒精中毒。

月经来临前及行经期间,女性受荷尔蒙分泌的影响,体内分解酶的活动能力低下,酒精代谢能力下降,使得酒精不易迅速从血液中排泄出去,而是变成了对身体有害的"酸性物质"。为清除这些酸性物质,肝脏就要不断地制造出"酸性物质"分解酶,从而加重肝脏的负担,使引发肝脏机能障碍的可能性加大。

有报道称,同样是喝酒,女性经期饮酒引发肝损害或酒精中毒的概率是男性的1.5倍。因为女性在月经期间,体内缺乏分解酶,如果一时喝得过多,将使处于醉酒状态的时间延长,酒醉感觉或症状也会更严重。这就是行经期间饮酒容易上瘾、容易引发酒精中毒的原因。

另外,经期由于不断流血,身体虚弱,抵抗力较差,喝酒会加快血液循环,可能导致月经量增多,如饮凉啤酒,还可能引起痛经等。所以,月经前或行经期间,原则上应当禁饮白酒,但可以少量喝点黄酒或葡萄酒(50毫升左右为宜)。

96. 为什么说空腹饮酒对身体不利?

有人认为喝酒应做到"三不喝":一不喝"闷酒"。有不愉快的心事,又无处诉说,这种"闷酒"喝下去容易生病,所以要禁喝"闷酒"。二不喝凉酒。现在一致认为喝凉酒会致病,习惯把酒温热了喝,让酒喝到胃里更舒服些。三不喝空肚子酒。即使是饿了,也不要用酒来充饥,空腹饮酒容易伤胃。

空腹饮酒,即使酒量不多,对人体也十分有害。酒进入体内,80%酒精是由十二指肠和空肠吸收,其余由胃吸收。饮酒后5分钟,人的血液里就有了酒精,酒后一个半小时的酒精吸收量可达90%以上。当100毫升血液中酒精的含量在200~400毫克时,就会产生明显的中毒症状;400~500毫克时,就会引起大脑深度麻醉,甚至死亡。

空腹饮酒,酒精便会直接刺激胃壁,引起胃炎,重者可导致呕血,时间长了还会引起溃疡病。因此,在饮酒前,最好先吃些东西,如牛奶、脂肪类食物,或慢慢地边吃边喝。做过胃切除手术的患者,酒进入体内后吸收更快,更应注意饮酒不要过量,以免发生急性或慢性酒精中毒。

97. 为什么酒与柿子、凉粉不可同时吃？

喝酒的同时吃柿子,容易发生食物中毒。喝米酒、葡萄酒、红老酒时吃柿子,会引起严重的身体不适。喝绍兴黄酒、五加皮酒、竹叶青酒、龙凤酒、长春酒、花雕酒时吃柿子,也会引起身体不适。喝玫瑰露酒、桂圆酒、啤酒、大曲酒、补药酒时吃柿子,会引起轻微的身体不适。因此,在喝酒前、喝酒时或刚喝完酒,都不要吃柿子,以免引起中毒或身体不适。

凉粉及粉皮在加工过程中要加入适量白矾,而白矾有减缓肠胃蠕动的作用。如果用凉粉佐酒,会使喝下去的酒在胃肠道中停留时间延长,这样既增加了人体对酒精的吸收,又增加了酒精对胃肠的刺激作用,同时还减缓了血流速度,使人容易醉酒。因此,在安排佐酒小菜时,不建议把凉粉或粉皮作为唯一的下酒菜。

98. 为什么说节假日饮酒要防急性胰腺炎？

节假日期间人们不免要走亲访友,朋友相聚,吃饭饮酒是少不了的事。高兴之余,多喝几杯,甚至痛饮,也是人之常情。但是,我们应该意识到,饮酒过量可能会导致一些疾病的发生。急性胰腺炎是由于酒精或胆石症等因素而引起的一种急腹症疾病,其发病迅速,病情较重,其中的重症胰腺炎常可导致体内重要器官的损害,后果十分严重,死亡率较高。节假日饮酒应注意以下几个方面:

(1)不是人人都可以畅饮:一些既往有慢性病史,如慢性胰腺炎、慢性胃炎、慢性肝炎、胆道系统疾病的人不宜饮酒。这类人消化功能较弱,对酒精的耐受程度差,容易出现酒精刺激反应,加上喝酒时吃很多佐酒的菜肴,摄入量常常超过自身消化承受力。暴饮暴食可直接或间接地引发胰腺炎。

（2）饮酒不可以随心所欲：一般来说，在空腹时、临睡前或情绪十分激动时不宜饮酒。由于此时人们对酒精的耐受力较差，加上饮酒量的增加，容易升高血中的酒精浓度，往往会对身体造成进一步损害。

（3）饮酒时要少吸烟或不吸烟：在酒桌上，人们常说"烟酒不分家"，烟中的尼古丁可以降低血中的酒精浓度，而吸烟者对酒精的耐受性较强，因此吸烟者往往酒量就大一些，最终受到的伤害也会相应增加。

（4）佐酒菜肴要有所选择：饮酒时不可"大碗喝酒、大口吃肉"，而可以选择一些高蛋白、高纤维素的蔬菜、瘦肉、鲜鱼及豆类食物。豆类中含有的卵磷脂能很好地保护肝脏、减轻酒精刺激。还可以喝一些淡茶，以缓解酒精的刺激和毒性作用。

（5）各种酒品不要混合饮用，酒量要适可而止：有些人喝起酒来，白的、红的、中国的、外国的，来者不拒，喝的酒很杂。不同酒的成分互相混合，使人更容易醉，且对身体也会产生很大的不良影响。饮酒量要根据个人耐受性的不同，适量为度。

（6）如果出现急性腹痛、恶心呕吐等症状，应及时到医院就诊，不要以为只是喝酒后的反应，不以为然，或是自己随便吃点药，更不要再继续喝酒、进食。一般经医生检查，化验血、尿淀粉酶等，胰腺炎即可确诊。早诊断、早治疗，可以防止出现更严重的病情。

自古以来，酒文化是中国传统文化的组成部分之一，饮酒也是人们交往的重要形式。从中医学的角度讲，"酒能益人，亦能损人"。饮适量的酒，可以宣通血脉、却冷消邪、提神助兴，但如果因节假日愉悦、高兴，过量饮酒，轻者可伤及脾胃，重者惑其神志。

99. 过度饮酒可出现哪些症状？

酒喝多了会醉，这已是人人皆知的常识。醉酒主要和人体体液中的乙醇含量有关。一般认为体液中乙醇含量达每毫升 20 毫克时，即可出现头胀、愉快、健谈等欣快感;而达每毫升 40 毫克时,即会出现行动笨拙,四肢微微震颤而不能控制,感到精神振奋,说话流利。醉酒时一般表现为面色发红,自觉身心愉快,毫无顾虑,说话直爽,有时则粗鲁无礼,且易感情用事,或怒或恼,或悲或号,有时说话滔滔不绝,有时则静寂入睡,动作则逐渐笨拙,甚至简单的操作也难以胜任,身体平衡渐难保持,步履蹒跚,同时还会出现恶心、呕吐、腹胀、打嗝、嗳气等消化道症状,最后则昏睡不醒。长期不合理饮酒会引起酒精慢性中毒,出现神经、精神方面的改变,智能衰退,注意力涣散,记忆力和判断力下降,甚至出现谵妄等;引起手、舌乃至全身震颤,性欲下降,出现嫉妒、妄想、幻觉症等;引发肝硬化、慢性胃炎、胰腺炎、糖尿病、内分泌和代谢紊乱等并发症。在致畸方面,酒精是诱发婴儿智力低下最常见的原因之一,因此在妊娠期间,应明确禁止饮酒。对于有饮酒习惯者,每天黄酒摄入量以不超过 300 毫升为宜。

100. 过量饮酒对人体有哪些危害?

"饮酒过量,最受伤的莫过于肝脏。"因为酒精进入体内后,90% 以上是通过肝脏代谢的,其代谢产物及代谢产物所引起的肝细胞代谢紊乱,是导致酒精性肝损伤的主要原因。研究显示,正常人平均每天饮 40～80 克酒精,10 年即可出现酒精性肝病;如平均每天 160 克,8～10 年就可发生肝硬化。此外,过量饮酒还会对身体其他部位产生不良影响:

(1)大脑:摄入较多酒精对记忆力、注意力、判断力、机能及情绪反应都有严重伤害。饮酒太多会造成口齿不清、视线模糊、平衡力缺失。

(2)生殖器官:酒精可使男性的精子质量下降;对于妊娠期的妇女,即使是少量的酒精,也会使未出生的婴儿发生身体缺陷的危险性增高。

(3)心脏:大量饮酒的人会发生心肌病,即可引起心肌组织受到损伤,而纤维组织增生,可严重影响心脏功能。

(4)胃:一次大量饮酒后会出现急性胃炎的不适症状,连续大量饮酒,可导致严重的慢性胃炎或溃疡病。

101. 过量饮酒对肝脏的危害有哪些?

酒精性肝病是由于长期大量饮酒(嗜酒)所致的肝脏损伤性疾病。近十年来,随着人民生活水平的提高和社交圈的扩大,全球酒的消费量猛增。同时,酒精性肝病的发生率亦显著增加。在我国,由于饮酒导致的酒精性肝病的发生率也呈明显上升趋势,已成为不容忽视的隐形杀手。

乙醇进入肝细胞后,经过一系列酶的作用氧化为乙醛,大量乙醛对肝细胞有明显的毒性作用,直接或间接导致肝细胞变性、坏死和纤维化,严重时可发展为肝硬化。根据国内的临床标准,日饮酒精量超过40克(合50度白酒100毫升),连续5年以上的患者为嗜酒者。嗜酒者发生的肝病包括轻症酒精性肝病、酒精性肝炎、酒精性脂肪肝、酒精性肝纤维化及酒精性肝硬化。

酒精性脂肪肝(酒精肝)是酒精性肝病中最先出现、最为常见的病变,其病变程度与饮酒(尤其是烈性白酒)的总量成正比。酒精对肝细胞有较强的毒性作用,可降低肝脏的解毒能力,最终导致酒精性脂肪肝。

102. 为什么说过量饮酒可致高血压和冠心病?

研究显示,过量饮酒与血压升高和高血压流行程度相关联。每天饮酒3~5杯的男子和每天饮酒2~3杯的女子处于较高的危险之中,而低于上述杯数者则不会增加危险性。观察研究还显示,饮酒与血压之间呈J型关系。轻度饮酒(每天1~2杯)比绝对戒酒者血压低,而与不饮酒者相比,每天饮3杯或更多者血压有非常显著的升高。长期喝酒上瘾的人比刚饮酒的人对血压的影响更大。有研究报道,减少饮酒 20 年以上的男子与未减少者相比,随年龄的增长其血压的增加值要低一些。有几个短期研究指出,减少饮酒对高血压的治疗有益。对照研究表明:减少饮酒与收缩压下降 4～8mmHg 相关联,舒张压也略有下降。血压正常者的血压也可随饮酒量的减少而下降。

中国 10 组人群前瞻性研究同样显示,饮酒量与高血压发病呈显著正相关,饮白酒者每天增加 100 克,高血压发病的相对危险性增高 19%～26%。1998 年日本一项对中年男子的研究结果表明:每天饮酒精量少于 46 克,血压升高到临界以上的危险性增加 35%;超过 46克,则危险性增加 73%。许多研究证明,饮酒可升高血清 HDL-C 水平,且无性别差异。研究还发现,饮酒在引起血浆 HDL-C 升高的同时,也使血浆甘油三酯(TG)的水平升高。

1979 年,有学者分析了英、美等 18 个西方发达国家的冠心病死亡率与多种因素的关系,发现酒精的摄入量与冠心病死亡率呈明显负相关。60 多个前瞻性研究表明,适度饮酒对心脏具有保护作用,可降低冠心病和缺血性脑卒中的危险。经常少量或中度饮酒与心肌梗死发生率、冠心病死亡率、猝死和心绞痛的发生均呈负相关,此现象无地区和种族特异性,冠心病致残的危险性可降低 30%。但是长期大量饮酒(60 克/天酒精)可使总死亡率和各种类型脑卒中的危险性增加。

103. 什么叫假日心脏综合征?

所谓"假日心脏综合征"是指在节假日期间过量饮酒后,临床上出现以心律失常为主要特征的一类综合征。这种综合征与长期的心脏病史无关,而与饮酒关系密切。无论是葡萄酒、黄酒、啤酒还是烈性酒,过量饮用都会因酒精及其代谢产物能够延迟心肌的传导时间而导致折返发生,或刺激心肌释放去甲肾上腺素,从而改变心肌不应期。这些因素都会使过量饮酒者易于发生快速性心律失常,出现早搏、阵发性心动过速,甚至心房扑动或心房纤颤等各种异常心跳节律。

假日心脏综合征的诊断要点:节假日期间连续多次过量饮酒史;患者多为青壮年,既往并无心脏病史;自觉心悸、胸闷,气促,不典型的胸痛,头晕或晕厥等;体检和心电图检查结果显示明显的心律失常征象,尤以频发和多源性早搏、心房纤颤具有重要的诊断价值;无心肌酶学检查异常,能够排除急性心肌梗死;血液中酒精浓度升高;胸片检查正常。

根据以上要点作出明确诊断后,首要的治疗原则就是戒酒,以免进一步恶化而发生严重性心律失常或心力衰竭。其次是予以静脉输液,促进酒精及时排出体外,减轻对心脏的损害作用。第三是对少数出现心房扑动或心房颤动等恶性心律失常患者进行心电监护,予以必要的抗心律失常药物。一般情况下,经过上述处理,特别是停止饮酒后的6～12小时,心律失常征象可以好转或消失,心跳节律和频率可恢复正常,预后一般良好。总之,预防"假日心脏综合征"的关键是积极戒酒或减少饮酒,特别是在节假日中要控制住自己,少饮酒为宜。

104. 什么是酒精性心肌病?

酒精性心肌病指心脏病的发病与长期大量的酒精摄入有密切关系,具有典型扩张型心肌病的血液动力变化、症状、体征及影像学所见,戒酒后病情可自行缓解或痊愈的一种心肌疾患。本病男性较女性发病率高。欧美及俄罗斯等国发病率高于世界其他各地。

临床表现:(1)10年以上饮酒史,酒精摄入量每天超过125毫升;(2)心悸、胸闷症状多见,少数患者伴有非典型的心绞痛和晕厥;(3)心脏扩大;(4)心力衰竭;(5)心律失常;(6)部分病例可合并栓塞现象;(7)周围神经炎及共济失调;(8)肝脏肿大、肝硬化。

诊断依据：(1)长期酗酒史；(2)心脏扩大及充血性心力衰竭表现；(3)戒酒 4～8 周后症状明显好转。

治疗原则：(1)说服或强制性戒酒；(2)卧床休息；(3)治疗心力衰竭；(4)处理心律失常；(5)补充维生素，加强营养支持治疗。

105. 急性酒精中毒如何分类？

(1)单纯性醉酒：又称普通醉酒，指一次大量饮酒引起的急性中毒，症状严重程度与饮酒速度、饮酒量、血中酒精浓度以及个体耐受性有关。临床过程通常分为：①兴奋期：由饮酒开始逐渐发生，有的患者可出现欣快、话多、自负、精力充沛、易激惹等症状；有的则沉默寡言、孤僻。常伴有面色潮红或苍白、眼球结膜充血、心率加快、头昏、头痛等症状。此期血液中的酒精浓度一般在 500～1000 毫克/升。②共济失调期：患者步态不稳，动作笨拙，言语含糊，语无伦次；可伴有眼球震颤、复视、视物模糊及恶心、呕吐等症状。此期血液中的酒精浓度一般在 1500～2000 毫克/升。③昏睡期：患者呈昏睡状态，面色苍白，口唇发绀，皮肤湿冷，体温下降，呼吸浅表，瞳孔扩大。严重者陷入深昏迷，血压下降，呼吸缓慢，心率加快，甚至出现呼吸、循环衰竭而死亡。此期血液中的酒精浓度一般在 2500～4000 毫克/升。

(2)复杂性醉酒：指大量饮酒过程中或饮酒后，急速出现强烈的精神运动性兴奋和严重的意识模糊状态。与单纯性醉酒比较，主要是症状严重程度的差异，患者意识障碍更深，精神运动性兴奋更为强烈，持续时间亦更长。可表现情绪激动、兴奋，有暴力行为(伤害他人、杀人毁物及性犯罪等)；患者对周围环境多能保持粗略的定向力，发作后对发作经过的情形部分或全部遗忘。

复杂性醉酒的兴奋与单纯性醉酒的欣快性精神运动性兴奋不同，复杂性醉酒的兴奋是在不愉快的基本情绪背景下出现的，又有严重的运动性兴奋，易于被激惹和冲动。复杂性醉酒多在脑病基础上产生。

（3）病理性醉酒：指饮用一定量的酒后突然醉酒，并同时出现严重的意识障碍。病理性醉酒与单纯性醉酒、复杂性醉酒具有质的差异，常常与饮酒量无关，仅小量饮酒也可出现严重的精神病理学的异常表现。意识障碍突然发生，一经发生立即达到高峰。并且，与单纯性醉酒和复杂性醉酒都保持着程度不等的定向力不同，病理性醉酒一旦发生，其定向力完全丧失。

病理性醉酒多发生在无习惯性饮酒的人身上，表现为饮酒后产生焦虑不安，可出现暴怒状态，甚至小量饮酒即可引起偏执狂或攻击行为，如暴发性的无目的的激怒和伤害行为。这种无目的性和无动机性的行为呈自发性出现，常受幻觉和妄想的支配，与当时的环境及客观现实极不协调。主要发生于饮酒过程中或饮酒后不久（数分钟内），持续时间短，一般几个小时内终止，且常以深睡而结束，发作后对经过全部遗忘。

（4）延续效应：指急性酒精中毒后尚可有较长时间的不适。患者在一次醉酒之后有较长时间的头痛、头晕、注意力不集中、失眠、震颤、胃部不适和恶心等症状；有时表现为精神迟钝和轻度的共济失调，这些症状一般具有自限性，但严重者可持久存在。此外，有人认为延续效应可能是一种戒酒的早期症状，其发生机制可能与 β-肾上腺素能神经兴奋性增高有关。

106. 急性酒精中毒应如何治疗？

治疗原则基本上与其他中枢神经抑制剂中毒的救治相同，包括催吐、洗胃、生命体征的维持及加强代谢、营养支持等一般性措施。轻度中毒无须特殊治疗，注意保暖、侧卧，并应避免驾驶机动车辆。严重者可用 50% 葡萄糖 100 毫升、胰岛素 20U 静脉注射，同时应肌注维生素 B_1、B_6 和烟酸各 100 毫克，可加速乙酰化。近年来，阿片受体拮抗剂纳洛酮（naloxone）被用于急性酒精中毒的救治，一般用法：

每次 0.4～0.8 毫克肌肉注射,也可用 0.4～0.8毫克溶解在 5％的葡萄糖溶液中静脉注射,可重复使用,直至患者清醒。及时充分地使用纳洛酮,不仅可提高存活率,减少并发症,而且可缩短昏迷时间。纳洛酮的副作用少,安全性好,但高血压和心功能不全者应慎用。此外,呼吸抑制者可给予呼吸兴奋剂;血压下降者可加速补液、应用升压药;脑水肿者应降颅压治疗。

107. 慢性酒精中毒应如何治疗?

治疗原则包括绝对戒酒,改善营养,补充大量 B 族维生素,给予神经、肌肉营养药等。Wernicke 脑病和 Korsakoff 综合征应早期大量使用维生素 B_1,重症患者可同时给予烟酸和其他 B 族维生素;大多数患者经治疗后眼征迅速消失,继而共济失调也随之改善,但精神症状的恢复较缓慢。脑桥中央型髓鞘溶解症的治疗:除给予大量 B 族维生素外,应注意维持电解质平衡,尤其是钠离子的平衡,并应给予足够的营养。酒精性痴呆患者在改善营养和给予大剂量维生素 B_1 的同时,可使用血管扩张药物、改善脑代谢药物、钙拮抗剂等。酒精性脑萎缩患者可给予 B 族维生素和脑代谢活化剂,如脑活素、胞磷胆碱、细胞色素 C、ATP、谷氨酸、γ-氨酪酸、脑复新、脑复康等,以及高压氧治疗。其他慢性酒精中毒如酒精性弱视、酒精性小脑变性、胼胝体进行性变性、酒精性肌病等亦以改善营养、补充维生素 B_1 及其他 B 族维生素为主。

108. 酒精导致神经系统损伤的机制是什么?

酒精是一种亲神经物质,对人体许多系统脏器均有损伤作用,其中神经系统是其损伤的主要靶器官之一。一次大量饮酒可出现急性神经和精神症状,长期饮酒则产生慢性神经和精神症状,甚至出现神经系统不可逆性损害。

酒精中毒已是遍及全球的一种常见病,对人类的健康危害日趋严重,尤其是在欧美国家,其发病率仅次于心脑血管疾病和肿瘤;在我国,随着生活水平的逐渐提高,其发病率亦不断增加。目前,临床上因酒精中毒导致神经系统损害的患者有明显增多趋势。

有关酒精导致神经系统损伤的机制尚未完全阐明,现认为可能与下列因素有关:

(1)影响维生素 B_1 代谢:影响和抑制维生素 B_1 的吸收及在肝脏内的储存,导致患者体内维生素 B_1 水平明显低于正常人。一般情况下,神经组织的主要能量来源于糖代谢,在维生素 B_1 缺乏时,由于焦磷酸硫胺素减少,可造成糖代谢障碍,引起神经组织的供能减少,进而产生神经组织功能和结构上的异常。此外,维生素 B_1 的缺乏还能造成磷酸戊糖代谢途径障碍,影响磷脂类的合成,使周围和中枢神经组织出现脱髓鞘和轴索变性样改变。

(2)具有脂溶性:酒精可迅速通过血脑屏障和神经细胞膜,并可作用于膜上的某些酶类和受体而影响细胞的功能。

(3)其他:酒精代谢过程中生成的自由基和其他代谢产物也能够造成神经系统的损害。

根据饮酒史、临床表现和适当的辅助检查,如血、尿酒精浓度的测定等,可以作出酒精致神经系统损伤的诊断。但急性酒精中毒的中枢神经抑制症状应注意与引起昏迷的其他疾病相鉴别,如镇静药或催眠药中毒、一氧化碳中毒、脑卒中、颅脑外伤等。戒断综合征的精神症状和癫痫发作应与精神病、癫痫、窒息性气体中毒、低血糖症等相鉴别。慢性酒精中毒的智能障碍和人格改变应与其他原因引起的痴呆相鉴别。

109. 过量饮酒易致中风吗?

脑卒中,俗称中风,是危险性很高的疾病,一旦脑出血、脑梗死都能发生猝死。脑卒中起病急,病死和病残率高。多发于 40 岁以上,原有动脉粥样硬化、高血压病、脑血管畸形、心脏病的患者,大多由情绪波动、忧思恼怒、大量饮酒、精神过度紧张等因素诱发。

酒的主要成分是酒精,即乙醇,是一种对人体各种组织细胞都有损害的有毒物质,能损害大脑细胞、麻醉大脑皮质,使人智力减退、胆固醇增加,其最终结果是促进动脉硬化。长期嗜酒的人交感神经兴奋,心跳加快、血压增高。过量饮酒者,由于血压突然上升,血管破裂而发生脑出血。饮酒后有的人发生血管舒缩功能障碍,面色苍白、皮肤湿冷、血压降低、脑供血不足,易发生脑梗死。慢性酒精中毒的患者,由于动脉硬化、脑细胞损害,常过早地发生智能衰退,严重者可成为痴呆。在中风患者中,长期饮酒者发生中风的概率是一般老年人的 2～3 倍。

110. 什么是胎儿酒精综合征?

胎儿酒精综合征系指母亲在妊娠期间因嗜酒造成胎儿在宫内与出生后生长发育障碍,导致智力低下、特殊面容和多种畸形等为主要表现的临床综合征。其发生可能与宫内酒精直接损害胎儿有关,但确切发病机制尚不完全清楚。有关研究表明,在大量嗜酒母亲的胎盘中发现有超微结构的变化,可能间接影响了胎儿,使胎儿发育不良或畸形。此外,胎儿酒精综合征还可能与酒精氧化的代谢产物乙醛对细胞的毒性作用,导致胎儿神经细胞发育障碍有关。

患儿出生前和出生后的身高、体重一般均低于正常同龄儿。多数有眼裂短小、内眦皱褶明显、斜视、近视、上睑下垂、鞍鼻、短鼻孔朝天、鼻孔前倾、人中长、人中圆凸或缺如、上唇变薄、面中部扁平或发育不全、耳轮后旋或发育不全、下颌后缩(婴儿期)、下颌或上颌突出(成年期)。中枢神经系统常见的异常有轻至中度的智力低下。新生儿表现:易激惹、震颤、不会吮奶、听觉过敏或癫痫等异常,可出现协调障碍和肌张力过低,间有肌张力增高或两者兼有,如上肢软瘫,下肢肌张力增高。幼儿常有多动症。80%的胎儿酒精综合征可有语言障碍,主要表现为发单音字或整句话有困难。另外,出生后随年龄增长可有小头畸形、脑干畸形引起的脑积水、脑脊膜膨出和腰骶部脂肪瘤、无胼胝体、无嗅脑、脑穿通畸形、丘脑与下丘脑发育不良和海绵样改变,以及脊髓空洞症等。此外,其他系统和器官也可出现畸形,如先天性心脏病(房缺、室缺、大血管畸形等)、肾畸形或发育不良、输尿管积水、泌尿生殖器瘘管、骨畸形、血管瘤等。目前,胎儿酒精综合征主要在于预防,无特殊治疗方法。母亲在孕期应尽可能禁酒。

111. 什么是酒精性肌病?

酒精性肌病是由酒精中毒引起肌组织损害而导致的一种肌肉病变。其发病机制不清,推测可能与下列因素有关:(1)酒精和乙醛降低糖酵解酶活性;(2)酒精直接使肌鞘膜和线粒体受到毒性伤害,或阻止肌动蛋白和肌红蛋白的激酶并阻止肌钙蛋白的结合;(3)使骨骼肌的主要氧化基质的游离脂肪酸减少;(4)血中 Ca^{2+}、Mg^{2+} 浓度下降和维生素 B_1 缺乏,使肌肉产生继发性损害;(5)营养缺乏。

酒精性肌病临床表现可有急性肌病和慢性肌病两种。急性肌病是一种病情严重且危及生命的疾病,发生在长期饮酒和慢性酒精中毒的患者,多在一次大量饮酒后急性发病。表现为肌肉疼痛、触痛、肿胀,并可有运动障碍和痛性痉挛,可为全身性或局限于某一个肢体,伴腱反射减弱或消失。实验室检查可见血清肌酸磷酸激酶活性升高,肌肉活检示急性横纹肌溶解,肌电图常有原发性肌病的表现。本病常发生肌球蛋白尿,且可导致急性肾衰、高血钾而死亡。患者常在戒酒后数天至数周恢复,偶遗留有肢体近端肌无力。慢性肌病多由长期酗酒所致,也可由急性型转变而来,病初表现为弥散性肌无力,后出现具特征性的近端肌无力,尤其以骨盆带肌肉和股部肌肉为主,常见肌肉萎缩,腱反射减弱或消失,肩带肌无力较少见,肌肉疼痛和触痛较轻,少有痛性痉挛。常与酒精性周围神经病并存。本病多在停用酒精后 2～3 个月内开始好转。

112．什么是酒精性痴呆和脑萎缩？

酒精性痴呆是指由慢性酒精中毒引起的一种脑器质性痴呆。其发生可能与酒精对脑组织的直接毒性作用,以及酒精中毒导致的痉挛、低血糖、B族维生素缺少等对大脑的综合性损害有关。病程多呈缓慢进展。初期可有倦怠感、注意力不集中、淡漠、失眠、烦躁及昏睡等表现。继续发展可出现衣着不整、不讲卫生、失去礼仪等人格、行为障碍。随着病情的加重可逐渐发生定向力和判断力的损害及智力缺陷(特别是记忆力缺陷)。部分患者还可出现小脑性共济失调和某些躯体病变,如面部毛细血管扩张、肌肉松弛或无力、震颤和癫痫发作等。本病的诊断主要根据酗酒史和临床表现,临床特点为逐渐发生的人格退化、情绪易变、控制能力丧失、进行性智力减退和痴呆。CT示额顶区萎缩、沟裂变宽和侧脑室及第3脑室扩大等。应与柯萨可夫精神病相鉴别,后者以严重的近记忆障碍、遗忘、错构及虚构为特征,而酒精性痴呆为逐渐进展的半球症状为主,除记忆缺陷外,尚有认识功能即思维和判断力障碍,以及行为异常。

酒精性脑萎缩是指慢性嗜酒引起的脑组织容积缩小及功能障碍。其发生机制不详,可能与酒精对脑的直接损害及营养障碍,尤其是维生素 B_1 的缺乏有关。多见于长期大量饮酒的男性中老年人。发病隐匿,缓慢进展。早期常有焦虑不安、头痛、失眠、乏力等症状。逐渐出现智力衰退和人格改变,表现为记忆力的明显减退,计算力、判断力和分析能力明显下降,少数可出现遗忘、虚构和定向障碍等,人格改变方面可有自私、生活散漫、情绪不稳、易激惹、工作效率低、缺乏责任感、不听人劝告和人际关系紧张等。此外,部分患者可合并周围神经病变、肌肉萎缩,甚至出现震颤、幻觉、妄想和癫痫发作等严重酒精中毒的表现。头颅CT示侧脑室对称性扩大,脑沟、半球间裂和外侧裂增宽等脑萎缩的表现。

113. 什么是酒精性周围神经病？

酒精性周围神经病为长期饮酒引起的一种最常见的营养性并发症。其发生机制尚未阐明，推测主要由营养缺乏，特别是维生素 B_1 缺乏所致。本病的主要病理改变是轴索变性和髓鞘脱失，且常先累及较细的感觉视神经纤维，肌电图呈现失神经而传导速度正常；而后出现大纤维节段性脱髓鞘和轴索变性，导致传导速度减慢。患者多隐匿起病，逐渐加重。典型症状是四肢末端，尤其是下肢的感觉和运动障碍。症状常由下肢潜在或隐匿性开始，且逐渐由远端向近端对称性地进展。患者常先诉有足底灼痛或麻木、发热感和腓肠肌痉挛性疼痛等。病情进展时可出现下肢无力，手套和袜套样感觉减退。严重者可出现足下垂和腕下垂、步行困难，甚至四肢对称性软瘫。检查可见有四肢末端深、浅感觉减退，肌无力和肌萎缩，远端重于近端，下肢重于上肢，罕见仅累及上肢者。肌肉松弛且有压痛，腱反射由远端向近端逐渐减弱或消失，跟腱反射常最先消失。并且由于酒精中毒时周围神经对机械性和缺血性损伤更为敏感，一旦受到压迫或牵拉，较易出现神经麻痹，被称为酒精性压迫性周围神经病，一般多在醉酒后或睡醒时急性起病，且多为单一的周围神经麻痹，如桡神经、腓神经等。此外，若病变影响自主神经还可出现头晕、失眠、多梦、心慌、多汗、阳痿、直立性低血压和大小便障碍等，被称为酒精性自主神经病。若病变影响颅神经，如视听、外展、动眼、舌咽和迷走神经等，则出现相应的症状和体征。

114. 什么是酒精性弱视？

酒精性弱视又称营养性弱视，是慢性酒精中毒患者中出现的一种特殊的视力障碍，其原因可能是一种或数种 B 族维生素缺乏所致的视神经病变。病理改变可见两侧对称性视神经中心纤维髓鞘脱失,视网膜节细胞消失,且以黄斑区为重,严重者视神经纤维可被胶原结缔组织所替代。进行性视力下降或视物模糊是本病的主要表现。患者初期症状是读小字和辨色困难,在数天至数周内逐渐发展成双眼视觉敏感度下降,视物模糊不清,伴以两侧对称性中心暗点,但周边视野常不受累,一般不发展至全盲,眼底检查正常。晚期可见轻度视神经萎缩,并可伴有其他神经症状,如共济失调、四肢轻瘫和震颤等。

115. 什么是酒精性小脑变性?

酒精性小脑变性是指长期大量饮酒导致的小脑皮质变性,其发生机制尚不清楚,可能与神经营养障碍有关。其病变主要局限于小脑蚓部,后期可扩展至前叶。患者多呈亚急性或慢性起病,男性明显多于女性,于中年后发病。主要表现为下肢和躯干的共济失调,步态不稳或动作笨拙。步态和站立异常最为常见。开始时出现行走转弯不稳、直线行走困难或不能。逐渐发展为步行时两脚增宽,呈醉酒步态,走路踌躇不前,站立困难。检查时有跟膝胫试验阳性。上肢常不受累,眼震、构音障碍和手震颤少见。多数患者呈进行性发展,随后病情可静止不变达多年。有的患者小脑症状呈跳跃式发展,常在感染后症状明显加重。可合并多发性神经病、糙皮病和大脑萎缩等。CT 或 MRI 检查亦显示有小脑蚓部萎缩。

116. 什么是威尔尼克脑病?

威尔尼克(Wernicke)脑病是由于长期酗酒引起的一种急性营养障碍性神经系统疾病。它也可发生于其他情况时,如长期营养缺乏、慢性消耗性疾病和胃肠道疾病等。主要是由于硫胺素(维生素 B_1)缺乏所致。病变主要累及丘脑、丘脑下部、乳头体和第 3 脑室、中脑导水管周围灰质、第 4 脑室底部和小脑等。急性 Wernicke 脑病的病理改变主要是以上部位广泛点状出血,即围绕第 4 脑室及导水管周围灰质、丘脑等部位出血、坏死和软化,神经细胞轴索或髓鞘丧失。亚急性 Wernicke 脑病可有毛细血管增加和扩张、细胞增生和小出血灶,伴有神经细胞变性和小胶质细胞增生,以及巨噬细胞反应等。慢性 Wernicke 脑病可有乳头体萎缩,呈褐色海绵状,病变区实质成分丧失和星形细胞反应活跃,并有陈旧性小出血灶。

    Wernicke 脑病多见于男性,常在 50～60 岁发病,一些非特异性刺激可诱导其急性发作。表现为眼征、共济失调和精神障碍三联征。另外约 1/3 的患者可同时伴有多发性神经病的症状,故也称为 Wernicke 四联征。眼征主要是多种多样的眼球运动障碍,系因外展神经、动眼神经和下丘脑受损所致。以外展运动障碍最多见,其次为垂直运动障碍和凝视麻痹。可有眼球浮动、瞳孔缩小和对光反应异常。患者常伴有水平眼球震颤,也可有垂直眼球震颤,眼睑下垂和核间性眼肌麻痹。部分患者可累及视神经(球后视神经炎)。共济失调是延髓前庭神经核和小脑受损所致,而小脑蚓部受损较半球为重,故以躯干性共济失调为主,急性期以致不能站立和行走。精神症状以淡漠、定向障碍和嗜睡最为突出。患者不能记忆新事物,计算困难,常出现幻觉、妄想、躁动或抑郁。另外,尚可有反应迟钝、精力不集中、头痛、失眠、昏睡或昏迷等症状,意识障碍主要是脑干网状结构受累所致,有多发性神经病体征的患者可达 80%,可有手套、袜子型感觉障碍,腱反射减弱或消失等。可有足下垂、腕下垂和小腿肌萎缩,亦可有四肢自主神经症状,如手足多汗、发红等。部分患者还可出现体温降低、直立性低血压、心动过速、抗利尿激素分泌异常和其他慢性酒精中毒的表现。辅助检查可见血中丙酮酸盐水平增高、维生素 B_1 含量降低,肝功异常;脑电图多为弥漫性节律变慢,亦可有 θ 波暴发;颅脑 CT 检查可见部分患者出现皮质萎缩和脑室扩大等脑萎缩的改变。

117．什么是柯萨可夫精神病？

柯萨可夫精神病（Korsakoff 综合征）是一种特殊的遗忘综合征，多为震颤、谵妄的后遗症，也可为酒精性幻觉症的后遗症，也有患者是由于严重嗜酒数十年后缓慢发展而成。其发生和发展与维生素 B_1 缺乏及乙醇对大脑皮质下结构的直接毒性作用有关。所累患者表现为严重的近记忆力障碍、遗忘、错构、虚构及自知力丧失，并常伴有时间和空间的定向障碍，但患者一般意识清晰，语言功能、应用和判断以及远期记忆常幸存。部分患者可有轻重不等的多发性神经炎、肌萎缩或肌无力、腱反射减弱等改变。本病呈慢性病程，约 20％的患者可以完全恢复，但半数以上往往经久不愈。

解酒和戒酒

118. 醉酒的原因是什么？

酒精以不同的比例存在于各种酒中,它在人体内可以很快发生作用,改变人的情绪和行为。酒精在人体内不需要经过消化作用,就可直接扩散进入血液中,并分布至全身。酒精被吸收的过程可能在口腔中就开始了,到了胃部,有少量酒精直接被胃壁吸收,到了小肠后,酒精被大量吸收。酒精进入血液后,随血液流到各个器官,主要分布在肝脏和大脑中。酒精在体内的代谢过程,主要在肝脏中进行,少量酒精在进入人体后,马上随肺部呼吸或经汗腺排出体外,绝大部分酒精在肝脏中先与乙醇脱氢酶作用,生成乙醛,乙醛对人体有害,但它很快会在乙醛脱氢酶的作用下转化成乙酸。乙酸是酒精进入人体后产生的唯一有营养价值的物质,它可以提供人体需要的热量。酒精在人体内的代谢速率是有限的,如果饮酒过量,酒精就会在体内器官,特别是在肝脏和大脑中蓄积,蓄积至一定程度即出现酒精中毒症状。酒精中毒俗称醉酒。一次大量饮酒会对中枢神经系统产生先兴奋后抑制的作用,初时酒精会像轻度镇静剂一样,使人兴奋、减轻抑郁程度,这是因为酒精抑制了某些大脑中枢的活动,这些中枢在平时对极兴奋的行为起抑制作用,这个阶段不会维持很久,接下来,大部分人会变得安静、忧郁、恍惚,直到不省人事,甚至会因心脏被麻醉或呼吸中枢失去功能而造成窒息、死亡。酒精中毒是由遗传、身体状况、心理、环境和社会等诸多因素造成的,但就个体而言差异较大,遗传是关键因素。

119. 醉酒有哪些表现？

研究表明，人在喝酒后的各种表现，主要受血液中的酒精浓度所支配，只是由于每个人身体健康状况和对酒精耐受能力的不同，使其表现有所差异。血液中乙醇浓度和人醉酒表现的关系见表 1。

表 1　血液中乙醇浓度与醉酒表现的关系

乙醇浓度	醉酒表现
0.05%～0.1%	人开始朦胧、心情畅快（微醉）
0.1%～0.2%	大脑神经麻痹，各种能力降低，爱说话，有欣快感，行动丧失自制能力。
0.3%	口齿不清，步态蹒跚
0.4%	说胡话、叫嚷、乱跑、乱跳、跌倒
0.5%	烂醉如泥，不省人事
0.7%	死亡

可将饮酒致醉分为 4 个阶段。第一阶段是头脑清醒，周身发热或出汗，有些兴奋与困倦，此时正是饮酒的最佳阶段，即"适量饮酒阶段"。第二阶段是头脑清楚但稍有失控，极其兴奋，话语甚多，此为"过量饮酒阶段"。第一、二阶段属于"微醉阶段"，人饮酒时兴奋，头脑不清，狂饮而有点不能自控，忘乎所以，失去理智，属于饮酒的"共济失调期"。第三阶段出现喜怒无常、反应迟钝或步履不稳，为"抑制阶段"。第四阶段则是烂醉如泥或昏迷不醒，此时已是严重酒精中毒，为"醉酒阶段"，此时，人已处于饮酒的"昏睡期"。

120. 如何应对醉酒者？

一是注意醉酒者的保暖问题，将其头转向一侧，如有呕吐，应及时清除其口内的呕吐物,当心呕吐物被吸入气管而引起肺部感染。

二是醉酒较明显,又不能配合服用解酒食品时,可设法使醉酒者产生恶心呕吐(用手指、棉棒、鸡毛等搅触醉酒者的咽喉),将胃内容物吐出,必要时还可用温水或2‰碳酸氢钠液洗胃。但注意不可用浓茶、咖啡等来解酒,因为茶和咖啡会加重醉酒症状。

三是对步态不稳者,要防止跌倒,以避免意外损伤。

四是对重度醉酒者,身边的人应及时拨打"120",或立即送医院进行急诊抢救。必须注意,不管轻度、重度醉酒,一律不准使用镇静剂或麻醉剂,以免引起不良后果。

121. 什么是戒酒综合征?

戒酒综合征是指在长期大量饮酒的基础上,突然停止饮酒或骤然减量时,随即产生的一系列症状与体征。多发生在已有躯体依赖的酗酒者,其发生与中枢神经系统失去酒精的抑制作用而产生大脑皮层或 β-肾上腺素能神经过度兴奋有关。

(1)酒精性震颤:或称戒酒性震颤,是最常见且较轻的戒酒综合征。其发生被认为与戒酒后中枢和周围神经 β-肾上腺素能受体过度兴奋有关。一般在减少饮酒后 6～24 小时发病,震颤常发生于早晨,其频率和强度多不规则,在安静时减弱,运动或情绪紧张时加重。有的患者可表现为上肢意向性震颤、步态不稳和头部震颤等,严重的患者则表现为不能站立而需人扶持。此外,患者还可伴有焦虑不安、失眠、厌食、恶心、多汗、无力、心跳及呼吸加快、收缩压升高、面色潮红等症状,一般无明显精神或意识障碍。上述症状在饮酒后可消失,继续戒酒则加重,但于戒酒后几天至 2 周内症状可逐渐消失。

(2)酒精性幻觉症:指长期大量饮酒引起的幻觉状态,是一种较少见的戒酒综合征。患者常在突然停止饮酒或减量后 24 小时内出现明显的幻觉,临床上以视、听幻觉为主。幻觉在意识清晰状态下出现,不伴有明显的精神运动性兴奋和自主神经功能亢进症状,常在夜间明显,且持续时间有很大差异,或为瞬间、间断性发作,或持续数日、数周、数月后消失,极少超过半年。患者在症状改善时可能对幻觉的真实性感到怀疑,完全恢复时能够认识到其虚幻性,但幻觉可以重复出现。

(3)戒酒性癫痫:又称朗姆发作,指在一定时期内大量饮酒的严重酒精中毒患者,在急剧中断饮酒后发生的全身性抽搐发作。其发生可能与中断饮酒后血中酒精浓度发生急剧变化,引起血清镁、钾离子浓度降低、动脉血 pH 值上升有关。抽搐多发生在戒酒后 48 小时内,若发生于 96 小时后,应考虑为非戒酒性抽搐。发作形式为全身性强直—阵挛性抽搐,伴有意识障碍,其他发作形式几乎不出现,且很少连续发作,偶可见癫痫持续状态。患者发作前可有震颤、出汗、谵妄等戒断症状,发作时一般无局灶性症状和体征。脑电图在癫痫活动期可出现一过性节律紊乱,可有阵发性尖波释放,或节律变慢,但在停止饮酒后几天内可迅速恢复正常。

(4)震颤谵妄:指在慢性酒精中毒基础上出现的一种急性脑病综合征,多发生在持续大量饮酒的酒精依赖患者中,可由外伤、感染等一些减弱机体抵抗力的因素所促发。常于戒酒后 3～5 天突然发病,主要表现为严重的意识模糊、定向力丧失、生动的妄想和幻觉,伴有震颤、焦虑不安、失眠和交感神经活动亢进,如瞳孔扩大、发热、呼吸和心跳增快、血压增高或降低、大汗淋漓等。幻觉常为幻视,内容多为小动物,如蛇、老鼠等,有的可相当生动、逼真。症状具有一定的昼轻夜重规律。此症多呈自限性病程,一般持续 3～6 天,常以进入睡眠状态而终止,然后清醒,清醒后形同常人,但有部分病例出现震颤、谵妄后不能完全恢复,病程进展至威尼克脑病或柯萨可夫综合征(约占15%)。没有并发症的病例经及时处理其病死率较低(3%～4%),一旦发生并发症则病死率会明显升高,常死于高热、肺炎或心力衰竭等,有的死亡较突然而不能确定其病因。

122. 戒断综合征应如何治疗？

患者应安静休息,保证营养,给予 B 族维生素。酒精性震颤多为自限性,多数病例不需用药物治疗,若震颤持续较久或较重者,可用 β-肾上腺素能受体阻滞剂,如普萘洛尔,初用小剂量 20 毫克,每天 2 次,逐渐增加到80～120毫克/天,即可缓解。若有焦虑、失眠等脑部症状,可给予安定等药物以缓解戒断症状。戒酒性癫痫患者可用苯妥英钠或卡马西平,但巴比妥类药物应慎用,因可能有增加呼吸抑制的危险。有幻觉者可用氟哌啶醇。震颤、谵妄为内科急症,需迅速有效地采取措施,其救治原则为:(1)使用苯二氮卓类及心得安等药物,控制戒断症状的发生及发展。安定可静注,每 5 分钟给予 2.5～5 毫克,直至患者安静为止,然后可给 5～10 毫克口服,或必要时缓慢静注,每 2～6 小时 1 次。(2)患者常有脱水、钾的耗竭和周围循环衰竭等改变,故应积极补充水分和电解质,以补充血容量和保持水、电解质的平衡。(3)因肝脏疾病或血小板减少而造成出血时,可给予输入新鲜血。(4)可使用小剂量抗精神病药物(氟哌啶醇)以控制精神症状。(5)预防感染等并发症。(6)记出入量,必要时留置导尿管。(7)视病情可采取保护性约束或制动,防止患者出现冲动及自伤等情况。

123. 饮酒对性功能的影响如何？

饮酒对性功能的影响比较复杂,其具有二重性。这不仅要看饮酒的量、饮酒者个人的酒精耐受量和身体健康状况,还要看饮酒当时的心情、环境气氛等情况。在适量饮酒的前提下,如男女双方将饮酒视为一种乐趣和享受的话,饮酒场合的气氛轻松欢快,两情相悦,那样产生一种顺应自然的性欲,会使性的生理过程更加亢奋。反之,如果男女双方对饮酒持有相反的态度,或饮酒者是借酒消愁,内心负荷沉重,或饮酒场合充满敌对或不友好的气氛,那么饮酒就会对性功能起到抑制作用。这说明了为什么人们在适量饮酒后,出现了相反的性体验,原因就在于饮酒者的饮酒动机、心态和场合不同。

在良好的心态与情境中,随着饮酒量的增加,饮酒者的性功能会有一个从兴奋到抑制的变化过程。这是一个连续的过程,可分为兴奋状态、半抑制状态与抑制状态。

(1)兴奋状态:适量饮酒后,可激发较强烈的性欲,性生理功能亢奋。其实,酒精对人体神经系统的药物作用是抑制,所以从本质上说,性兴奋状态不是酒精对性神经刺激的结果,而是饮酒所带来的心理变化所致。饮酒能消除紧张、疲劳、焦虑和约束感,使饮酒者进入安逸、轻松、快乐的境界。如饮酒的场合具备适宜的性环境,更会促使饮酒者进入性兴奋状态,即所谓"酒是色媒人"。功能性阳痿患者和性冷淡者,可利用适量饮酒来消除不利的心理因素,激发性爱情感,使性生理功能正常发挥。

(2)半抑制状态:此时,饮酒者萌发了强烈的性欲望,但由于饮酒过量,酒精对性神经的抑制作用,使其性生理功能难以正常发挥。处于半抑制状态者并非全都表现为性欲高涨和性功能丧失,也可见到有些人出现性欲和性生理功能同时兴奋的现象。但由于酒精的过量作用,使其感觉神经麻木,性的欣快感降低,射精延迟,难以或根本不能达到性高潮。

(3)抑制状态:大量酒精作用于人体的神经系统,全身各器官功能都处于抑制状态。酩酊大醉者已失去清醒的神态,多半自然入睡,人事不知,根本失去了性欲要求。长期酗酒最终将造成慢性酒精中毒,彻底丧失性功能。

124. 为什么说过量饮酒可引起失眠?

偶尔适量饮酒可能有助于睡眠,但长期或过量饮酒则可造成失眠。因为酒后睡眠的持续时间短暂,3～4个小时便会消失。催眠效应消失后,会出现反跳性心率加快、呼吸急促等交感神经兴奋的症状,反而容易惊醒,甚至失眠。而且长期大量饮酒会增加机体对乙醇的耐受性,需不断增加饮酒量以达到短暂的催眠效果,随之而来的则是更严重的失眠。

喝酒过量时,睡眠会变浅且易早醒,醒来之后头昏脑涨,嘴干舌燥,或思绪一片空白,或努力思索昨晚自己喝酒前后和喝酒过程中做了些什么事,怎么也无法继续入睡。研究显示,酒精对大脑皮质有强烈的抑制作用,可使快速动眼睡眠期减少,非快速动眼睡眠期则明显延长。若长期酗酒,则将使快速动眼期的深睡状态大量压抑。一旦突然停止喝酒,常易发生戒断性症状,如震颤性谵妄现象,此时快速动眼睡眠期急剧增加,甚至一夜达到 5 小时以上,此期睡眠中的肌肉阵挛性抽动和行为异常症状也容易合并出现,而睡得不安稳。

此外,长期酗酒者因营养不良或摄取不均衡,容易造成营养元素缺乏,如维生素 B_1 缺乏等,导致大脑内乳头体、穹隆等处破坏,使其短期记忆力差、定向力不良、注意力不集中等,因而就算快速动眼睡眠期的比率可维持正常,但因记忆力差,使可记忆的梦境内容贫乏,不是梦见即时的刺激,诸如饥、渴之类的事,就是梦见久远前的无关紧要的事。

125. 为什么说端午节应慎用雄黄酒?

"惟有儿时不能忘,持艾簪蒲额头王。"额头王,即指每逢端午节时,用雄黄酒在孩子额上画个"王"字。也有的在鼻尖、耳垂上涂上一些,还有的将雄黄调入白酒加热后直接下肚或抹身,据说这样可以驱邪,避免"疫疠"之气。雄黄酒是有毒的,可是至今,每当端午节来临,有些人总要喝杯雄黄酒。这主要是由于人们以为雄黄能"驱避百邪"的想法在作怪。

雄黄的主要化学成分是二硫化砷。雄黄加热经过化学反应后可转变为三氧化二砷,也就是剧毒物砒霜。由此可见,饮用加热的雄黄酒实际上是在服毒。把雄黄酒涂在小孩头部、鼻尖、耳垂或抹在身上以驱邪避疫，是没有科学道理的。酒可以扩张血管，加速砷在消化道和皮肤的吸收，时间短者十几分钟、长者4～5小时即会中毒，轻者表现为头痛、恶心、呕吐、腹泻、腹痛、大便呈"米泔样"，重者可致死亡。

126. 过量饮酒对胃肠道有何影响?

长期或过量饮酒，酒精可使食管黏膜受刺激而充血、水肿，最终可形成食管炎；还可破坏胃黏膜的保护层，刺激胃酸分泌、胃蛋白酶增加，引起胃黏膜充血、水肿和糜烂，引起急、慢性胃炎和消化性溃疡。大量饮酒的患者在胃镜下可以看见其胃黏膜高度充血发红、水肿、糜烂和出血等现象。患有慢性胃炎、消化性溃疡病的患者，由于其胃黏膜本身的自我保护、防御功能就差，即使饮用少量的或低度的酒，也足以破坏其胃黏膜，加重病情。因此，慢性胃病患者需要忌酒。

过量饮酒致胃黏膜损伤的机制：

(1)酒中的主要成分是酒精(乙醇)，它直接造成胃黏膜损伤，形成胃炎以及溃疡，特别是空腹饮酒损伤胃黏膜更明显。许多人饮酒后马上出现胃痛症状，正是其胃黏膜直接损伤时的表现。

(2)酒精可造成人体全身抵抗力下降，胃黏膜的保护作用也减弱，容易形成溃疡。

(3)溃疡患者因为溃疡面胃黏膜缺损，胃黏膜失去对酒精的隔离作用，酒精便能直接作用于溃疡面，轻则延缓愈合，重则使溃疡加重，出现出血甚至穿孔。

(4)长期饮酒可破坏胃内正常的环境，细菌繁殖增生，促进致癌物亚硝胺的合成。因此，饮酒不仅可引起胃炎和胃溃疡，还可因体内亚硝胺含量增加而易致胃癌及肝癌。

127．过量饮酒对呼吸道的影响如何？

一般认为酗酒对人体有害，而饮少量低度酒对身体可能有些好处。但专家认为，对哮喘患者来说，不论饮酒的量多少以及酒精度数高低，都是有害无益的。

在新近一项调查中，53 名支气管哮喘患者中有 30 人反映在饮酒后哮喘发作，这个比例是相当高的。调查同时也发现，给哮喘患者饮烈性酒时，可引起患者立即发病；在饮低度酒时，哮喘患者也出现明显的呼吸阻力增加。这是由于酒的蒸气刺激气管表面接受刺激的感受器，通过迷走神经反射，使支气管平滑肌收缩而造成的。由此可见，饮酒作为一种非特异性刺激因素可诱发哮喘发作。

患有支气管哮喘、慢性气管炎、肺气肿等慢性病的人，常咳嗽、痰多，夜间及早晨有加重现象，影响睡眠。有些人（特别是老人）习惯在睡前饮一杯酒，希望起一点催眠作用，其实这是很危险的。因为哮喘患者肺的通气功能本来就较差，睡前喝酒会扰乱睡眠中的呼吸，可出现呼吸不规则，甚至呼吸停止等现象，导致生命危险。因此，哮喘患者，尤其是肺功能不全者，切忌睡前饮酒。

长期酗酒的人还易出现支气管扩张。有关专家通过观察发现，醉酒者极易打鼾，此时，由于舌根后坠，咽峡和软腭松弛，鼾声隆隆中可将口腔内的食物残渣及口咽部的病菌吸入呼吸道内。醉酒者的气管、支气管平滑肌张力减弱，气管黏膜对痰液和异物刺激的敏感性降低，因而使咳嗽这一保护性机制也大大削弱，难以及时将痰液及病菌清除出去，从而引起支气管和肺部感染。

128．过量饮酒可致高脂血症吗？

酒中含有乙醇，乙醇对肝脏代谢可产生一系列影响。许多研究证明，酒精可升高血清 HDL-C 水平。少量饮酒引起的 HDL-C 升高具有将周围组织细胞的胆固醇转运到肝脏分解代谢和排出的功能，有利于动脉粥样硬化的预防，所以建议每日饮用少量黄酒或红葡萄酒。

但研究发现，嗜酒者血清总胆固醇、甘油三酯、低密度脂蛋白均会明显升高，尤其是后两者，从而使患者患高血压、卒中和肝硬化的危险大大增加。

129. 过量饮酒可致贫血吗？

慢性酒精中毒可引起贫血，原因可能是酒精对造血过程中红细胞的直接损害。当然，慢性酒精中毒也有一小部分属于叶酸缺乏引起的巨幼红细胞性贫血。

因酒精性肝病患者的叶酸吸收障碍及酒精和（或）其代谢产物的直接抗叶酸作用，导致叶酸缺乏，易发生叶酸缺乏性贫血。通过给予治疗剂量的叶酸，约每日 10 毫克口服，可迅速治愈慢性滥用酒精时伴有的巨幼细胞性贫血。治疗酒精性大细胞性贫血最有效的措施是戒酒。

130. 解酒的方法有哪些？

饮酒量过度，最简便有效的方法是饮用温开水来稀释乙醇，使体内乙醇通过尿液排出体外，或饮用果汁类饮料如西瓜汁、藕汁等；民间用糖盐水、米醋解酒，效果也不错；某些药物如维生素 B_1、B_6 等对解酒有一定益处；有些中药，如泽兰根、山茶花等可以在酒精吸收入血液前拦截酒精，将之导入消化系统；其他如枳具子、葛花、赤豆花、绿豆花、咸卤等都具有一定的解酒作用。

《醴乐志》言："甘蔗汁治酒病也。"宋代赵希鹄认为："烧酒醉不醒者急用绿豆粉烫皮切片，将筋撬开口，用冷水送粉以下喉即安。"清王士雄称："饮酒大醉，冲葛粉食之即解，烧酒醉者，饮糖茶或麻油。糯米炒焦,冲水作茶饮。"

《本草纲目》记载:"(菱角)解暑伤寒积热、止消渴、解酒毒。"后人据此开出菱角解酒 2 种简方:(1)菱角 250 克,连壳捣碎加白糖 60克,水煎后滤汁一次服用,可治饮酒过度;(2)菱角粉 50 克,白糖少量,水煎成糊状食用,有清解酒毒作用,适用于酒后口苦烦渴者。

食醋解酒五方:(1)食醋 1 小杯(20~30 毫升),徐徐服下;(2)食醋与白糖浸蘸过的萝卜丝(1 大碗);(3)食醋与白糖浸渍过的大白菜心(1 大碗);(4)食醋浸渍过的松花蛋 2 个;(5)食醋 50 克,红糖 25克,生姜 3 片,煎水服。

三豆解酒方:绿豆、红小豆、黑豆各 50 克,加甘草 15 克,煮烂,豆、汤一起服下,能提神解酒,减轻酒精中毒。

131. 哪些食物可解酒后不适?

(1)蜂蜜水解酒后头痛:喝点蜂蜜水能有效减轻酒后头痛症状。美国国家头痛研究基金会的研究人员指出,蜂蜜中含有一种特殊的果糖,可以促进酒精的分解吸收,减轻头痛症状,尤其是红酒引起的头痛。另外,蜂蜜还有催眠作用,能使人很快入睡,并且第二天起床后也不头痛。

(2)西红柿解酒后头晕:西红柿汁也富含特殊果糖,是一种能帮助促进酒精分解吸收的有效饮品。一次饮用 300 毫升以上,能使酒后头晕感逐渐消失。实验证实,喝西红柿汁比吃西红柿的解酒效果更好。饮用前若加入少量食盐,还有助于稳定情绪。

(3)新鲜葡萄解酒后反胃、恶心:新鲜葡萄中含有丰富的酒石酸,能与酒中的乙醇相互作用而形成酯类物质,降低体内的乙醇浓度,达到解酒的目的。同时,其酸酸的口味也能有效缓解酒后反胃、恶心的症状。如果在饮酒前吃葡萄,能有效预防醉酒。

(4)西瓜汁解酒后全身发热:西瓜汁是天生的白虎汤(中医经典名方),一方面能加速酒精从尿液中排出,避免其被机体吸收而引起全身发热;另一方面,西瓜汁本身也具有消热去火之功效,能帮助全身降温。饮用时加入少量食盐,还有助于稳定情绪。

(5)柚子解酒后口气:李时珍在《本草纲目》中早就记载了柚子能够解酒。实验发现,将柚肉切丁,蘸白糖吃,更是对消除酒后口腔中的酒气和臭气有奇效。

(6)芹菜汁解酒后胃肠不适、颜面发红:酒后胃肠不适时,喝些芹菜汁能明显缓解,因为芹菜中含有丰富的分解酒精所需的 B 族维生素。如果胃肠功能较弱,则最好在饮酒前先喝芹菜汁以作预防。此外,喝芹菜汁还能有效消除酒后颜面发红等症状。

(7)酸奶解酒后烦躁:蒙古人多豪饮,酸奶正是他们的解酒秘方。一旦酒喝多了,便喝酸奶,酸奶能保护胃黏膜,延缓酒精的吸收。酸奶中钙含量丰富,对缓解酒后烦躁症状尤其有效。

(8)香蕉解酒后心悸、胸闷:饮酒后感到心悸、胸闷时,立即吃 1～3 根香蕉,能增加血糖浓度,使酒精在血液中的浓度降低,从而达到解酒的目的,同时可减轻心悸症状、消除胸口郁闷。

132. 解酒汤有哪些?

(1)螺蚌葱豉汤

原料:田螺、河蚌、大葱、豆豉各适量。

制作:将田螺捣碎,河蚌取肉,一同与大葱、豆豉共煮。饮汁液。

功效:适用于急性酒精中毒者。

(2)石膏汤

原料:石膏 15 克,葛根 90 克,生姜 90 克。

制作:水煎后去渣取汁,徐徐灌服。

功效:适用于饮酒太过,大醉不醒者。

(3)老菱角汤

原料:老菱角及鲜菱角草茎共 150 克。

制作:水煎取汁液 300～500 毫升,一次饮下。

功效:适用于饮酒过量,出现急性中毒症状者。

(4)醒醉汤

原料:青橄榄(色黄或已有损坏者勿用)适量。

制作:将青橄榄在瓦上磨去粗皮,去核,切成细丝。每500克橄榄丝用60克粉草末、60克炒盐拌匀,放入瓷罐密封,用滚开水点服。

功效:适用于醉后口渴及饮酒过量者。

(5)绿豆甘草汤

原料:绿豆100克,甘草粉6克。

制作:加水煎煮,取汁500～800毫升,多次饮服。

功效:适用于急性酒精中毒者。

(6)橘味醒酒汤

原料:橘子罐头、莲子罐头各半瓶,青梅25克,红枣50克,白糖300克,白醋30毫升,桂花少许。

制作:将红枣洗净去核,置小碗中加水蒸熟;青梅切丁;橘子与莲子罐头一起倒入锅中,加入青梅、红枣、白糖、白醋、桂花、清水,烧开。冷后饮之。

功效:适用于急性酒精中毒者。

(7)香薷汤

原料:炒扁豆、茯神、厚朴(去粗皮,姜汁炒)各30克,香薷60克,炙甘草15克。

制作:共研细末,每服6克,沸汤点服。

功效:适用于醉酒不醒,或胸腔胀满、吐泻不止者。

(8)化漏汤

原料:大黄、山楂、厚朴各8克,白芷、麦芽各6克,生甘草15克。

制作:水煎服。

功效:适用于食物中毒者。

(9)挝脾汤

原料:麻油12克,高良姜450克,炒茴香225克,甘草353克。

制作:用盐500克同炒,为细末,每服3克,白汤点下。

功效:适用于脾胃不快,宿醉留滞,呕吐酸水,心腹胀痛,不思饮食,伤冷泄泻者。

(10)酸梅汤

原料:乌梅75克,白糖450克,山楂50克,甘草5克,清水3000毫升。

制作:①将乌梅、山楂、甘草(或甜叶菊干叶)洗净,用500毫升开水浸泡3小时,无菌纱布过滤,滤出的渣再用500毫升开水浸泡2小时后过滤;②将两次浸出液合并,加糖加水至3000毫升,然后煮沸3分钟,冷却即成。

服法:饮酒前后佐餐服用,每次100～150毫升。

(11)西瓜翠衣汤

原料:鲜西瓜皮1个,白糖适量。

制作:将西瓜皮外层绿皮切下,洗净后切成碎块,放水煎煮30分钟,去渣取汁,加白糖搅匀,凉后当茶喝。注意:隔夜汤不能再喝。

服法:饮酒前后佐餐服用,每次100～150毫升。

(12)薄荷绿豆汤

原料:绿豆600克,白糖200克,薄荷干少许。

制作:①绿豆去杂洗净放入锅内,加适量水用旺火烧开,再改用文火煮30分钟左右,待绿豆煮开花,离火冷却待用;②另将薄荷干冲洗干净,放入小锅内,加适量水浸泡30分钟,然后用大火煮开,离火冷却,滤出薄荷水,加入冷却的绿豆汤内搅匀,放冰箱备用。此汤清凉去火解暑。

服法:饮酒前后佐餐服用,每次100～150毫升。

(13)菠萝汤

原料:鲜菠萝1000克,白糖50克。

制作:新鲜菠萝洗净去皮、去果眼,切成薄片放入锅内,然后加水1000毫升,置炉上煮开5分钟,加入白糖,煮开后离火,捞出菠萝片,汤冷后即可饮用。

服法:饮酒前后佐餐服用,每次100～150毫升。

（14）红枣绿豆汤

原料：绿豆 300 克，红枣 100 克，白糖 100 克。

制作：①将红枣绿豆拣干净，放入锅内，加水约 1500 毫升，用旺火煮沸，然后改用文火焖酥，晾凉，放冰箱备用；②食用时加冰水或食用冰块。此汤健胃益脾，理气和中，清凉解渴。

服法：饮酒前后佐餐服用，每次 100～150 毫升。

（15）藕块银耳汤

原料：鲜藕 250 克，银耳 15 克，白糖适量。

制作：①将银耳用开水发胀洗净，放入砂锅内、加适量水，中火煮沸后改用文火煨；②取银耳汤，加入洗净去皮切成块的藕，并放入白糖，用小火煮烂，离火晾凉，放入冰箱中冰冷即可。

服法：饮酒前后佐餐服用，每次 100～150 毫升。

（16）绿豆汤

原料：绿豆 100 克。

制作：水煎后频服。

说明：绿豆可解一切饮食中毒，还有一定的保肝作用。凡饮酒过量后，喝些绿豆汤颇有益处。

（17）桂圆红枣汤

原料：小红枣 300 克，桂圆肉 200 克，白糖适量。

制作：将小红枣和桂圆肉洗净，放入清水浸泡 2 小时，再放入锅内，加水煮透，晾凉，放入冰箱备用，饮用时加适量水和糖。此汤健脾开胃，增进食欲。

服法：饮酒前后佐餐服用，每次 100～150 毫升。

（18）冰糖银耳汤

原料：冰糖 200 克，银耳 50 克，青梅 15 克，山楂糕 15 克。

制作：①银耳用水浸泡，去杂洗净，山楂糕、青梅切碎同银耳一起入锅，加水烧开，改用文火将汤煨成浓稠状；②另取锅，加水和冰糖煮沸，撇去浮沫，加入糖桂花，将糖水浇在银耳上，撒上切好的青梅、山楂糕，煮沸离火晾凉，放入冰箱即可。

服法:饮酒前后佐餐服用,每次 100～150 毫升。

(19)白糖汤

原料:白糖 30～50 克

制作:用温开水 300～400 毫升溶解后频饮。

说明:白糖具有润肺生津、解酒、醒醉作用,在民间用白糖水解酒已为众人熟知,其作用也确实很好。《本草纲目》在论述白糖时称:本品可"润心肺燥热,治嗽消痰,解酒和中,助脾气,暖肝气。"

(20)绿豆花汤

原料:绿豆花 10 克(鲜品 30 克)。

制作:水煎服。

说明:绿豆花有较好的解酒、醒醉作用。

(21)火腿汤

原料:火腿肉 120 克,花椒 4 克,葱白 3 克,生姜 4 克,细盐适量。

制作:将火腿洗净切片,与花椒一起入锅,加适量水煮沸,然后加入葱、姜,改文火煨烂,加少量盐后稍煮即可。

服法:饮酒前后佐餐服用,每次 100～150 毫升。

133. 解酒丸(丹)有哪些?

(1)神仙醒酒丹

原料:葛花 15 克,赤小豆花、绿豆花各 60 克,葛根(捣碎、水澄粉)240 克,真柿霜 120 克,白豆蔻 15 克。

制作:研为细末,用生藕汁捣和作丸,如弹子大,每用 1 丸,嚼而咽之,立醒。

功效:适用于酒醉者。

(2)解酒仁丹

原料:白果仁、葡萄各 240 克,蒲荷叶、侧柏叶、砂仁、甘松各 34 克,细茶 120 克,当归 15 克,丁香、官桂、细辛各 1.5 克。

制作:研为细末,炼蜜为丸,如芡实大。细嚼,清茶送服。

功效:适用于酒醉者。

(3)活命金丹

原料:贯众、甘草、板蓝根、葛根、芒硝各 30 克,大黄 45 克,牛黄、珍珠、生犀角、薄荷各 15 克,朱砂(一半为衣)12 克,麝香、桂枝、青黛各 9 克,冰片 6 克。

制作:研为细末,蜜水浸蒸饼为丸,每丸 3 克,金箔、朱砂为衣,每服 1 丸,新汲水化下。

功效:适用于一切酒毒、药毒,发热腹胀,大小便不利,胸膈痞满,上实下虚,气闭面赤,汗后余热不解及卒中不语,半身不遂,肢体麻木,痰涎上潮,咽嗌不利,牙关紧闭者。

(4)济生百杯丸

原料:橘皮 90 克,木香 9 克,广茂 9 克,干姜 90 克,白丁香 50 个,炙甘草 6 克,茴香 9 克,京三棱(炮)9 克,砂仁 30 个,白豆蔻 30 个,生姜 30 克。

制作:诸药研细末,炼蜜为丸,朱砂为底,每服 6 克,日服 2 次,生姜煎汤送服。

功效:适用于酒停腹中,膈气痞满,面色黄黑,将成癖病,饮食不进,日渐羸瘦者。另外,本方还有防醉酒作用,故名“百杯丸”。

(5)葛花丸

原料:葛花 15 克,砂仁 5 克,木香 30 克,沉香 1 克,豆蔻 1 克,荜澄茄 1 克,陈皮 30 克,乌梅 14 克,半夏 12 枚,山果 5 克,茯苓 1 克,炒枳实 30 克,葛粉末 15 克,炙甘草 1 克。

制作:研为细末,炼蜜为丸,如龙眼大,每取 1 丸,嚼化。

功效:具有醒酒、解毒、消痰之功,可治饮酒大醉者。

134. 解酒散有哪些?

(1)夺命抽刀散

原料:干姜(与巴豆 15 克同炒,至黑色,去巴豆),高良姜(入斑蝥

100 个同炒,去斑蝥)各 600 克,炒糯米 750 克,石菖蒲 660 克。

制作:研为细末,每服 6 克,用盐水少许,空腹食前点服。

功效:适用于酒精中毒者。

(2)避瘟散

原料:绿豆粉、生石膏各 2400 克,滑石、白芷各 240 克。

制作:研为细末,每 180 克细粉调入麝香 1.8 克,冰片 180 克,薄荷 150 克,甘油 360 克。共研匀,每服 0.6 克,凉开水送下,或每用少许,闻入鼻窍。

功效:适用于饮酒过度者。

(3)樟叶葛花散

原料:樟树枝上嫩叶、葛花各等份。

制作:研为细末,每服 9 克,白开水调服。

功效:适用于过量饮酒后大醉不醒者。

(4)葛根散

原料:甘草、葛花、葛根、砂仁、贯众各等份。

制作:捣为粗末,取 9~15 克药粉,水煎去渣后服用。

功效:适用于饮酒过量及出现酒精中毒症状者。

(5)葛花白药子散

原料:葛花 15 克,白药子 12 克。

制作:研为细末,饮酒前 1 小时用白开水冲服 6 克。

功效:适用于防醉。

(6)白蔻丁香散

原料:白豆蔻仁 10 克,丁香 2 克。

制作:研为细末,饮酒前 1 小时用水送服 3 克。

功效:适用于防醉。

(7)八仙锉散

原料:丁香、砂仁、白豆蔻各 9 克,葛根粉 30 克,百药煎 7.5 克,木瓜、炒盐各 30 克,甘草 7.5 克。

制作:将上药细锉,只需采取 3 克细嚼,温水送下,即可饮酒不醉。

功效:适用于预防醉酒。

(8)芜菁根散

原料:干芜菁根 27 枚。

制作:蒸后晒干研末,饮酒后服 3～6 克。

功效:可去饮酒后的酒气。

135. 解酒果菜汁有哪些?

(1)扁豆汁

原料:扁豆 50 克,食盐 2.5 克。

制作:把扁豆洗净,放入锅内,加水 500 毫升,用火煮至汁约 300 毫升时加入食盐,待盐溶解后晾凉即可饮用。

服法:饮酒前后佐餐服用,每次 100～150 毫升。

(2)盐菠萝汁

原料:菠萝 1 个,细盐、白糖各适量。

制作:①将菠萝洗净,去皮后将菠萝捣烂挤汁,去渣;②取其汁放入食盐和白糖搅匀,再兑入适量开水即可饮用。

服法:饮酒前后佐餐服用,每次 100～150 毫升。

(3)鲜藕汁

原料:鲜藕 250 克。

制作:先把鲜藕洗净,擦成泥,然后用纱布榨取汁,加热煮沸后迅速离火,凉后饮用。

服法:饮酒前后佐餐服用,每次 100～150 毫升。

(4)西瓜番茄汁

原料:大西瓜 1 个,番茄 5 个。

制作:将大西瓜、番茄洗净,并用沸水冲烫片刻,剥去外皮,然后切开去籽,用纱布取汁,两汁和匀饮用。

服法:饮酒前后佐餐服用,每次 100～150 毫升。

(5)三鲜汁

原料:大鸭梨 200 克,荸荠 150 克,鲜藕 250 克。

制作:分别洗净,除去非食部分,然后切碎,捣烂,用纱布取汁和匀,即可饮用。

服法:饮酒前后佐餐服用,每次 100~150 毫升。

(6)白萝卜汁

原料:白萝卜 2000 克,白糖 500 克,食盐少许。

制作:将白萝卜洗净,切成细丝,把丝放在纱布里压挤,用大搪瓷杯收液汁,放入白糖和少量食盐,搅匀,盖好,放入冰箱即可。

服法:饮酒前后佐餐服用,每次 100~150 毫升。

(7)杨梅汁

原料:鲜杨梅 500 克,白糖 250 克。

制作:①将杨梅洗净,放在碗里加糖腌 2 天,取汁入锅,用文火煮沸后即离火,将杨梅汁倒入消毒瓶内,晾凉,置冰箱内待用;②饮用时倒出适量汁,加入适量水或冰块即可。

服法:饮酒前后佐餐服用,每次 100~150 毫升。

(8)草莓汁

原料:鲜草莓 500 克,白糖适量。

制作:①先将草莓洗净,撕去底部绿色花托。将草莓放在清洁的搪瓷盛具内,用木棒将草莓捣拌,挤压出汁;②用纱布过滤,滤汁置火煮沸,装入消毒瓶中备用;③白糖加水煮成糖浆,饮用时在草莓汁内加入糖浆,兑入冰水或食用冰块即可。

服法:饮酒前后佐餐服用,每次 100~150 毫升。

(9)樱桃汁

原料:红樱桃 1000 克,白糖 250 克。

制作:樱桃去茎、洗净、压碎,用小火煮开,趁热装瓶,盖好,放入冰箱内。食用时用冰水冲饮。

服法:饮酒前后佐餐服用,每次 100~150 毫升。

(10)胡萝卜乳蛋汁

原料:鸡蛋1个,冰牛奶1瓶,胡萝卜泥25克,白糖50克,橙汁25克,食盐少许。

制作:鸡蛋打散,加糖和盐,将牛奶拌入胡萝卜泥内,加入鸡蛋液和橙汁,倒入有盖的瓶中,用力摇匀,置冰箱内即可。

服法:饮酒前后佐餐服用,每次100~150毫升。

(11)番茄乳汁

原料:番茄汁30毫升,牛奶1瓶,白糖适量。

制作:取自制的番茄汁,加糖混合,将牛奶慢慢倒入,拌匀置冰箱内备用(注意:牛奶与番茄汁混合可凝结成小块,因此应多搅动)。

服法:饮酒前后佐餐服用,每次100~150毫升。

(12)西瓜乳汁

原料:鲜西瓜汁150毫升,牛奶1瓶,白糖适量。

制作:取自制的西瓜汁,加入白糖,倒入牛奶,使糖充分溶解,即可食用。

服法:饮酒前后佐餐服用,每次100~150毫升。

(13)葡萄乳汁

原料:优质葡萄汁250毫升,淡乳1瓶,柠檬、白糖各少许。

制作:淡乳与200毫升冷开水混合,倒入瓶中并加入葡萄汁摇匀,最后加柠檬汁及糖,再摇匀,置冰箱备用。

服法:饮酒前后佐餐服用,每次100~150毫升。

(14)乌梅汁

原料:干乌梅250克,白糖250克。

制作:①将乌梅去杂洗净,加水煮软留肉去核;②白糖加水煮成糖浆,倒入乌梅汁混匀,低温保存,食用时加入冰块即可。

服法:饮酒前后佐餐服用,每次100~150毫升。

(15)红果汁

原料:鲜山楂1000克,白糖750克,清水500毫升。

制作:①将山楂洗净,切碎,加清水(盖过山楂为止),用文火煮烂过筛;②白糖加水制成糖浆,然后将山楂肉加入,一同煮成浓汁。浓汁装瓶后置入冰箱即可。

服法:饮酒前后佐餐服用,每次 100～150 毫升。

(16)番茄汁

原料:鲜红番茄 1000 克。

制作:①先将番茄洗净,切成小块,放入用干净纱布缝成的布袋内,挤出番茄汁;②番茄汁置旺火上加热至沸腾,随即取下,晾凉,即可食用。

服法:饮酒前后佐餐服用,每次 100～150 毫升。

(17)葡萄汁

原料:紫葡萄 1000 克。

制作:①先将紫葡萄洗净,放在盛具内捣烂。把捣烂的葡萄放入锅中,用文火煮沸,冷却,然后用纱布过滤;②滤渣加水再用文火煮,将汁滤出(直至皮上的紫色褪去);③两汁合并,盛于消毒过的容器中,放入冰箱备用。

服法:饮酒前后佐餐服用,每次 100～150 毫升。

(18)柠檬汁

原料:鲜柠檬 500 克,白糖 250 克。

制作:①先将柠檬洗干净,揩干切开,挤出柠檬汁,放入锅中加糖煮沸,随煮随搅;②待糖全部溶化,装入消毒过的瓶中,晾凉备用。饮用时兑入冰水或食用冰块即可。

服法:饮酒前后佐餐服用,每次 100～150 毫升。

(19)鲜橘汁

原料:蜜橘 1000 克。

制作:将橘子洗净,横切为两半,每半放在挤汁杯上用力转动,使橘汁留在杯中,置冰箱备用。

服法:饮酒前后佐餐服用,每次 100～150 毫升。

(20)芹菜汁

原料:鲜芹菜 2000 克,白糖适量。

制作:鲜芹菜去杂洗净,晾干后再用冷开水清洗,然后切碎捣烂,用纱布取汁。汁中加适量糖搅匀即成。

服法:饮酒前后佐餐服用,每次100～150毫升。

(21)鲜五汁

原料:生荸荠200克,鲜藕200克,鲜梨300克,鲜甘蔗200克,鲜生地黄100克。

制作:分别去皮(或节、核)去杂,洗净,切碎,一并压榨取汁;或分别捣烂后,用纱布压出汁。

服法:饮酒前后佐餐服用,每次100～150毫升。

136. 解酒药茶有哪些?

(1)杏仁茶

原料:杏仁60克,白糖200克,沸水1升。

制作:将杏仁捣烂或磨成浆,用纱布滤汁,汁内加入白糖,用沸水冲饮。

服法:饮酒前后佐餐服用,每次100～150毫升。

(2)槟榔茶

原料:槟榔片10克。

制作:代茶饮,若在饮酒的同时饮用此茶则更好。

(3)枇杷竹叶凉茶

原料:鲜枇杷叶30克,鲜竹叶30克,鲜芦根30克,白糖、食盐各适量。

制作:将鲜枇杷叶、鲜竹叶、鲜芦根洗净,撕成小块放铝锅内,加750毫升水煎煮10分钟后,去渣叶,趁热放入白糖、食盐搅匀,凉后当茶饮。

服法:饮酒前后佐餐服用,每次100～150毫升。

(4)金银花凉茶

原料:金银花30克,白糖30克,开水2000毫升。

制作:将金银花、白糖放铝锅内,用开水冲泡,凉后代茶饮。

服法:饮酒前后佐餐服用,每次 100～150 毫升。

(5)葛花茶

原料:葛花 10 克。

制作:在饮酒的同时用此药代茶饮。

说明:防醉作用较好。

(6)菊花茶

原料:白菊花 9 克,绿茶 9 克,开水 1000 毫升。

制作:将白菊花、绿茶放在容器内,用沸水冲泡,凉后饮用。

服法:饮酒前后佐餐服用,每次 100～150 毫升。

(7)甘草茶

原料:生甘草 100 克,清水 1500 毫升,食盐少许。

制作:生甘草放入干净的锅里,加清水、盐煮沸、晾凉,或放入冰箱。饮用时可加食用冰块。

服法:饮酒前后佐餐服用,每次 100～150 毫升。

(8)陈皮茶

原料:陈皮 30 克,白糖 50 克,清水 1000 毫升。

制作:将陈皮洗净、撕碎,放入搪瓷杯里,加沸水冲泡(或用冷水煮沸),晾凉,去渣,加入白糖,调和均匀,用冰水或冰块镇凉则效果更佳。

服法:饮酒前后佐餐服用,每次 100～150 毫升。

(9)咖啡

原料:咖啡适量。

制作:水冲服。

说明:咖啡可醒脑提神,解醉消酒。

(10)桑菊枸杞茶

原料:霜桑叶 5 克,干菊花 5 克,枸杞子 6 克,决明子 3 克。

制作:将霜桑叶晒干搓碎,决明子入铁锅炒香;将上述原料混合,用沸水冲泡 15 分钟,然后入锅煮沸 10 分钟,冷后当茶饮。

服法:饮酒前后佐餐服用,每次 100～150 毫升。

（11）柿叶茶

原料:柿叶 10 克。

制作:将自然脱落的柿叶洗净,去柄、晾干、揉成碎末后,放入保温杯内(或茶壶里)用沸水冲泡,盖严,约半小时即可饮用。

服法:饮酒前后佐餐服用,每次 100～150 毫升。

（12）姜醋茶

原料:生姜 15 克,食醋 6 毫升。

制作:将生姜洗净去皮,切成薄片,放入搪瓷锅或砂锅内加水煮沸,然后将食醋加入,再煮 5 分钟即可。

服法:饮酒前后佐餐服用,每次 100～150 毫升。

（13）生姜乌梅茶

原料:鲜姜 5 克,乌梅肉 15 克,绿茶叶 3 克,红糖 10 克。

制作:将生姜洗净、去皮、切成丝,把乌梅洗净、去核、切成丝,然后将生姜、乌梅、绿茶一起放入杯中,用沸水浸泡半小时即可。

服法:饮酒前后佐餐服用,每次 100～150 毫升。

（14）紫苏生姜茶

原料:紫苏叶 5 克,生姜 30 克。

制作:将生姜洗净、去皮、切成薄片,然后入锅煮沸,用沸液冲泡紫苏叶作茶。

服法:饮酒前后佐餐服用,每次 100～150 毫升。

（15）柑橘茶

原料:茶叶 1 克,干柑橘皮 25 克,干柠檬皮 10 克,柑橘糖浆 50 毫升。

制作:将柑橘皮和柠檬皮放入锅内,加入柑橘糖浆、茶叶,用沸水淹没,浸泡 2 分钟后即可饮用。

服法:饮酒前后佐餐服用,每次 100～150 毫升。

中医治疗疾病的药酒

137．药酒是如何起源的？

药酒应用于防治疾病，在我国医药史上已处于重要的地位，成为历史悠久的传统剂型之一，至今在国内外医疗保健市场中享有较高的声誉。

药酒是选配适当中药，经过必要的加工，用度数适宜的白酒或黄酒为溶媒，浸出其有效成分而制成的澄明液体。也有在酿酒过程中，加入适宜的中药而酿制而成。药酒即是一种加入中药的酒。

药酒的起源与酒是分不开的，中国是人工酿酒最早的国家，早在新石器时代晚期的龙山文化遗址中，就曾发现过很多陶制酒器。我国最古的药酒酿制方，是在 1973 年马王堆出土的帛书《养生方》和《杂疗方》中记载的。随着酿酒工艺的不断发展和提高，有些药酒不但具有强身保健、治疗疾病的作用，而且口味醇正，成为风行一时的名酒，甚至成为宫廷御酒。

药酒的发展不仅逐渐满足了人民群众的需要，还打入了国际市场，博得了国际友人的欢迎。我们相信，在不久的将来，具有中华民族特色和悠久历史的，又符合现代科学水平的中国药酒，必然和整个中医中药的发展一样，为人类的健康长寿作出新的贡献。

138．药酒有何特点？

中国药酒的应用已有数千年的历史,有不少宝贵的经验和方剂已失传,但人们对药酒的应用至今仍不衰,这是与药酒的特殊功效分不开的。

(1)药酒本身就是一种可口的饮料。一杯口味醇厚、香气浓郁的药酒,既没有古人所讲"良药苦口"的烦恼,也没有现代打针补液的痛苦,给人们带来的是一种佳酿美酒的享受,所以人们均乐意接受。

(2)药酒是一种加入了中药的酒,而酒本身就有一定的保健作用,它能促进人体胃肠道酶的分泌,帮助消化吸收,增强血液循环,促进组织代谢,增加细胞活力。

(3)酒又是一种良好的有机溶媒,其主要成分乙醇有良好的渗透性,易于进入药材组织细胞中,可以把中药里的大部分水溶性物质,以及水不能溶解而需用非极性溶媒溶解的有机物质溶解出来,从而更好地发挥生药原有的作用,服用后又可借酒宣行药势之力,促进药物疗效迅速发挥。可按不同的中药配方,制成各种药酒来治疗各种不同的疾病。

(4)中国药酒适应范围较广。

(5)由于酒有防腐、消毒作用,当药酒含乙醇40％以上时,可延缓许多药物的水解,增强药剂的稳定性。所以药酒久渍不易腐坏,长期保存不易变质,并可随时服用,十分方便。此外,药酒还能起到矫臭的作用,如乌梢蛇、蕲蛇等制成药酒后,可减弱腥气。

139．药酒可治疗哪些疾病？

药酒的治疗范围几乎涉及临床所有科目,总计百余种病证。如内科的风湿病,偏瘫(卒中后遗症),阳痿不举(性功能减退或障碍),咳喘(呼吸道感染);妇科的闭经、痛经、不孕、产后腹泻、产后眩晕、乳腺炎等；儿科的佝偻病、风痫等；外科的闭塞性脉管炎；皮肤科的湿疹、鹅掌风、过敏性皮炎、麻风病、银屑病、白癜风等；伤骨科的跌打损伤、骨折等；口腔科的牙痛、龋齿；五官科的耳鸣、耳聋、失音、目视昏暗等。当然，其中有些可能是古代某一医家个人的经验，是否能普遍应用，还须进一步验证。但药酒历时千百年，流传至今，服用的人积累起来的经验和方剂也不会少，所以总体来看，当以可取者多。

随着中医和西医的相互结合和相互渗透，我国中西医的发展很快，目前还出现不少新的、以现代病名为治疗内容的药酒。如预防人工流产综合征的扩宫药酒；避孕和抗着床用的避孕药酒；防治心脑血管疾病的银杏叶酒；治疗囊虫病的囊虫灵；治疗骨质增生的抗骨刺药酒，等等，反映了中国药酒在近期新的发展。

140. 服用药酒的原则是什么？

（1）限量服用：由于药酒中含有一定量的乙醇，摄入过量会损害人体健康。所以必须正确使用，才能充分发挥药酒的功效，避免其危害人体。

（2）辨证服用：药酒的使用应根据中医理论进行辨证服用，尤其是保健性药酒，更应根据自己的年龄、体质强弱、嗜好等选择服用。一般治病的药酒，大都功效主治比较明确，而且患者也总是在经过医生明确诊断后再选择服用，所以药酒的安全性较好。保健性药酒，由于多以补益强身为主，如对选择不够重视或使用不当，易产生不良后果，所以服补益保健酒前，必须先弄清自己的体质状况。

（3）因人而异，注意禁忌：根据自己的体征进行辨证服用，这是使用药酒最基本的原则。其实，中医辨证论治所讲的范畴更广，它还包括人的性别、年龄、生活习惯等个体差异和时令节气等。因此，服用药酒时还须因人而异，注意每个人的酒量大小。

平时惯于饮酒者，服用药酒量可以比一般人略增一些，但也要掌握分寸。不习惯饮酒的人，在服用药酒时，可以先从小剂量开始，逐步增加到需要服用的维持量;也可以用冷开水稀释后服用。

只有根据上述的原则和要求,合理地使用药酒,才能避免药酒的副作用,从而发挥其优点和特长,达到应有的疗效。

141. 服用药酒有哪些注意事项?

(1)性别方面:妇女有经带胎产等生理特点,所以在妊娠期、哺乳期就不宜使用药酒。在行经期,即使月经正常,也不宜服用活血功效较强的药酒。

(2)年龄方面:年老体虚者,因新陈代谢较缓慢,在服用药酒时可适当减量。相反,青壮年由于新陈代谢相对旺盛,用量应相对多一些。古代有用药酒治疗儿童佝偻病的记载,但儿童生长发育尚未成熟,脏器功能尚未健全,所以一般不宜服用,如病情确有需要,也应注意适量。

(3)有肝脏病、高血压尚未控制、严重心脏病及酒精过敏者,都应当禁用或慎用药酒。

(4)饮药酒时忌服某些药物:由于有些药物会增强乙醇的毒性,或产生副作用,或影响药效,所以还应当注意饮酒后 12 小时内不宜服某些药物,如必须服药,则在服用药物后 12 小时内不应再饮酒。饮药酒者应注意以下几种药物:①能增强乙醇毒性的药物,包括降压药肼屈嗪,利尿药利尿酸,抗抑郁药等;②饮酒会影响药效的药物,包括抗惊厥药苯妥英钠,降血糖药甲苯磺丁脲和胰岛素等;③饮酒能增加或加重副作用的药物,包括降压药胍乙啶,利尿药氢氯噻嗪、氯噻酮,以及甲硝唑、阿司匹林、巴比妥、地西泮、盐酸氯丙嗪、盐酸异丙嗪、奋乃静、盐酸苯海拉明等;④能造成乙醛中毒的药物,包括呋喃唑酮、硝酸甘油、甲硝唑等。

(5)酒后忌洗澡:据病理学家观察和检测,人在饮酒后,体内储备的葡萄糖在洗澡时会因体力活动增加和血液循环加快而大量地消耗掉,造成血糖含量大幅度下降,从而导致体温较快降低。同时,乙醇抑制了肝脏的正常生理活动能力,妨碍了体内葡萄糖储存的恢复,因而酒后洗澡可造成机体休克,严重的可危及生命。

此外,由于药酒的配方组成不同,功能性味有异,所以往往附有服用药酒的注意事项,如外用还是内服、忌口、禁房事等,服用时应注意,不能疏忽。

142. 药酒制作前应做哪些准备工作?

药酒,除专业厂家制作外,在民间家庭中也可以自配自制。许多人喜欢自己动手配制药酒,并且保持着每年配制、饮用药酒的习惯。无论专业厂家还是家庭配制药酒,在制作前都必须做好以下几项准备工作:

(1)保持作坊清洁,严格卫生要求。配制药酒作坊要做到"三无",即无灰尘、无沉积、无污染。同时,配制人员亦应保持清洁,闲杂人等一律不准进入场地。

(2)要根据自身生产条件制作适宜的药酒。每一种药酒都有不同的配方和制作工艺要求,所以不是每个专业厂家,更不是每个家庭都能配制的,应根据自身生产条件、配制技术而定。

(3)配制药酒时,要选取正宗纯净的酒和中药材,切忌用假酒伪药,以免造成不良后果、妨碍健康或影响治疗效果。

(4)准备好基质用酒。目前用于配制药酒的酒类,除黄酒外,还有白酒、葡萄酒、米酒和果露酒等多种,具体选用何种酒,要按配方需要和疾病而定。

(5)制备药酒的中药材,制作前都要切成薄片,或捣碎成粗颗粒状。坚硬的皮、根、茎等植物药材可切成3毫米厚的薄片,草质茎、根可切成3厘米长碎段,种子类药材可以用棒击碎。

(6)要准备好配制药酒用的容器和加工器材以及容器封口等一切必备材料。容器大小要按配制量而定。

(7)要熟悉和掌握配制药酒的常识及制作工艺技术。

143. 制作药酒有哪些方法?

根据我国古今医学文献资料和家传经验,配制药酒的方法甚多,目前,一般常用的有如下几种:

(1)冷浸法:冷浸法最为简单,尤其适合家庭配制药酒。采用此法时可先将炮制后的中药材切成薄片或粗碎颗粒,置于密封的容器中(或先以绢袋盛药再纳入容器中),加入适量的酒(按配方比例加入),浸泡 14 天左右,并经常摇动,待有效成分溶解到酒中以后,即可滤出药液;药渣可压榨,再将浸出液与榨出液合并,静置数日后再过滤即成。或将酒分成两份,将药材浸泡两次,操作方法同前,合并两次浸出液和榨出液,静置数日过滤后,即得澄清的药酒。若所制的药酒需要加糖或蜜矫味时,可将白糖或蜜用等量的酒温热、溶解、过滤,再将药液和糖液混匀,过滤后即成药酒。

(2)热浸法:热浸法是一种古老而有效的制作药酒的方法。通常是将中药材与酒同煮一定时间,然后放冷贮存。此法既能加快浸取速度,又能使中药材中的有效成分更容易浸出。但煮酒时一定要注意安全,既要防止酒精燃烧,又要防止酒精挥发。隔水煮炖的间接加热方法适宜于家庭制作药酒,其方法是:将中药材与酒先放在小砂锅内,或搪瓷罐等容器中,然后放在另一更大的盛水锅中炖煮,时间不宜过长,以免酒精挥发。一般可于药面出现泡沫时离火,趁热密封,静置半月后过滤去渣即得。工业生产时,可将粗碎后的中药材用纱布包好,悬于酒中,再放入密封的容器内,置水浴上用 40~50℃低温浸渍 3~7 天,也可浸渍两次,合并浸出液,放置数日后过滤即得。此外,还可在实验室或生产车间中采用回流法提取,即在浸药的容器上方加上回流冷却器,使浸泡的药材和酒的混合物保持微沸,根据不同的中药材和不同的酒度以确定回流时间。回流结束后即进行冷却,然后过滤即得。

(3)煎煮法:此法必须将中药材粉碎成粉末,全部放入砂锅中,加水至出药面约 10 厘米,浸泡约 6 小时,然后加热煮沸 1~2 小时,过滤后,药渣再加水适量复煎 1 次,合并两次药液,静置 8 小时后,再取上清液加热浓缩成调膏状,待冷却后,再加入等量的酒,混匀,置于容器中,密封,约 7 天后取上清液即成。煎煮法用酒量较少,服用时酒味不重,便于饮用,对不善于饮酒的人尤为适宜。但含挥发油的芳香性中药材不宜采用此法。

(4)酿酒法:先将中药材加水煎熬,过滤去渣后,浓缩成药片,有些药物也可直接压榨取汁,再将糯米煮成饭,然后将药汁、糯米饭和酒曲拌匀,置于干净的容器中,加盖密封,置室温处 10 天左右,尽量减少与空气的接触,且保持一定的温度,发酵后滤渣即成。

(5)渗滤法:渗滤法适用于药厂生产。先将中药材粉碎成粗末,加入适量酒浸润 2~4 小时,使药材粗粉充分膨胀,分次均匀地装入底部垫有脱脂棉的渗滤器中,每次装好后用木棒压紧。装毕中药材后于其上面盖上纱布,并压上一层洗净的小石子以免加入酒后使药粉浮起。然后打开渗滤器下口的开关,再慢慢地从渗滤器上部加进酒,当液体自下口流出时关闭上口开关,从而使流出的沼体倒入渗滤器内。继续加入酒,至高出药粉面数厘米为止,然后加盖,放置 24~48 小时后打开下口开关,使渗滤液缓缓流出。按规定量收集滤液,加入矫味剂搅匀,溶解后密封,静置数日后滤出药液,再添加酒至规定量,即得药酒。

144. 治疗呼吸道疾病的药酒有哪些?

(1)葱酒饮(《东医宝鉴》)

原料:连须葱白 20 克,白酒 90 毫升。

制法:先将白酒加热至沸腾,再将葱白切碎,投入酒中,然后滤取酒液,装瓶备用。

用法:1 次 15 毫升,1 天 3 次,温服。

功效:发表散寒。适用于风寒感冒初起,发热、咳嗽、头痛等症状较轻者。

主治:岁寒感冒初起。

禁忌:对于发热口渴、咽喉疼痛的风热感冒不宜用。

(2)神仙酒(《丹台玉案》)

原料:带皮老生姜 90 克,白酒 150 毫升。

制法:先将生姜用清水洗净,捣烂如泥;再将白酒加热煮沸,倒入姜泥中,用筷子搅匀,取药液备用。

用法:1 次 15 毫升,1 天 3 次,温服。

主治:感冒。

禁忌:表虚感冒,动则汗出,汗出热不退者不宜服用。

(3)红颜酒(《万病回春》)

原料:核桃仁、红枣肉各 120 克,杏仁 30 克,蜂蜜 100 毫升,酥油 70 毫升,白酒 1000 毫升。

制法:将前 3 味去除杂质,先将杏仁用清水浸泡,去除皮、尖,再加水煮沸 5 分钟,捞出晒干,与核桃仁、红枣肉一起共研为粗末,用纱布袋盛,放入小口瓷坛内,加入蜂蜜、酥油、白酒浸泡,搅拌均匀,加盖密封,每日摇 3～5 次,7 天后取药液即可使用。

用法:1 次 15 毫升,1 天 2 次,早晚空腹饮用。

功效:滋补肺肾,健脾益胃,润肌肤,泽容颜。

主治:虚劳咳嗽、须发早白、头晕目昏、食少乏力、腰酸腿困、肌肤粗糙、容颜憔悴无华等。

禁忌:应用此方剂时忌与葱、韭菜同用。

(4)苏叶陈皮酒(《肘后备用急方》)

原料:苏叶 20 克,陈皮 15 克,黄酒 200 毫升。

制法:以酒煮药,余至 80 毫升,滤出药液备用。

用法:将药酒兑等量热开水,分早、晚 2 次,1 天内服完。

功效:发表散寒,化痰止咳。

主治:急性支气管炎。症属:外感风寒、咳喘上气、痰液稀白、恶寒发热、肢体酸楚不适等。

禁忌:风热感冒、咽痛口干、咳吐黄痰及身热恶风者不宜服用,糖尿病者慎用。

(5)胰枣酒(《寿亲养老新书》)

原料:猪胰3具,大枣30枚,白酒1000毫升。

制法:将猪胰用清水冲洗干净,与大枣一齐放入白酒中浸泡,密封。夏季浸1天,冬季浸5天,春秋浸3天,滤取酒液,装瓶备用。置阴凉处保存,以防变质。

用法:1次5~10毫升,1天3次,口服。

功效:补肺健脾,益气消痰。

主治:老年人上气喘急、坐卧不安、支气管哮喘等。

禁忌:《本草经疏》说猪胰"男子多食损阳"。

(6)干姜酒(《外台秘要》)

原料:干姜末10克,黄酒50毫升。

制法:先将黄酒温热,再将姜末入酒中即成。

用法:1次服完。现制现喝,1天2次。

功效:温中散寒,平喘。

主治:老年人胃寒及受寒邪之气所引起的咳嗽、哮喘等。

禁忌:胃热胀满、口渴欲饮、口舌生疮、大便干结者慎用,孕妇慎用。

(7)山药酒(《本草纲目》)

原料:山药500克,山茱萸、五叶子各20克,人参10克,高粱白酒2500毫升。

制法:将前4味药去除杂质,分别用凉开水快速淘洗干净,滤干。山药浸润切片,人参切碎如豆大,然后与山茱萸、五味子一起同置瓷坛内,用白酒浸泡,密封坛口。每日摇3~5次。1月后启封,去除药渣,滤取药酒,装瓶备用。

用法:每次15~20毫升,每天2次,早晚空腹温服。

功效:补肺健脾,益肾固本。

主治:肺虚咳喘、头晕目眩。

禁忌:咽喉肿痛、疮疡、牙龈肿痛者应慎用。

(8)肉梨酒(《古今图书集成医部全录》)

原料:精羊肉 2500 克,梨 1000 克,米酒 3000 毫升,糯米 3000 克,甜酒曲适量。

制法:先将羊肉剁碎,蒸至烂熟。置米酒中浸 12 小时。再将梨捣烂,同入米酒中,与肉调和均匀。然后用白棉布包裹,挤汁。最后将糯米蒸熟,用甜酒曲调和,与肉梨汁一起入瓷瓮酿酒,20 天后除渣取药液,瓶装密封,放阴凉干燥处,保存备用。

用法:1 次 30～60 毫升,1 天 3 次,口服。

功效:补虚润肺。

主治:肺结核及一切虚损。

禁忌:本酒易变质,要妥善保存,变质则禁用。

145. 治疗消化系统疾病的药酒有哪些?

(1)大黄浸酒(《本草纲目》)

原料:大黄 12 克,白酒 250 毫升。

制法:大黄去杂质,切为粗粒,放入干净的大口玻璃瓶中,倒入白酒,密封浸泡 1～2 天,过滤去渣备用。

用法:1 次 10～20 毫升,1 天 2 次,饭前饮用。

功效:清热解毒,消食去积,通便。

主治:消化不良、宿食积滞、大便秘结。

禁忌:孕妇及泄泻者慎用。

(2)生姜酒(《本草纲目》)

原料:生姜 60 克,米酒 100 毫升。

制法:先将生姜洗净捣烂,在米酒中浸 30 分钟,然后加热煮沸,去除姜渣,滤取药汁。

用法:药酒 1 次服完,1 天 1 次,不愈则再配再服。

功效:温中降逆,祛风散寒。

主治:胃寒胃痛、恶心呕吐、小腹冷痛等。

禁忌:此方药忌兔肉,《金匮要略》载:"兔肉着干姜食之成霍乱。"《饮膳正要》载:"兔肉不可与姜同食,易成霍乱。"阴虚内热者慎用。

(3)羊肉酒(《古今图书集成医部全录》)

原料:嫩精羊肉 3500 克,木香 30 克,杏仁 500 克,糯米 5000 克,酒曲 440 克。

制法:将木香、杏仁、酒曲打成细末;将羊肉煮熟切碎;将糯米浸水 24 小时,捞出放笼里蒸熟,保留米浆水。待熟糯米温度至 30℃ 左右时,拌入羊肉、杏仁、木香、酒曲,用米浆水调和酿酒。

用法:1 次 50 毫升,1 天 2 次或 3 次,温服。

功效:健脾胃,补元气,益精血,调中止痛。

主治:慢性胃炎;症属:脾胃虚寒、胃痛、腹痛等。

禁忌:本方剂忌荞麦面制品、醋。

(4)五倍子酒(《本草纲目》)

原料:五倍子 4 克,好酒 30～50 毫升。

制法:将五倍子拣去杂质,敲开,剔去其中杂质,研末,放入铁锅内炒,起烟黑色为度,将酒倒入,滤去渣即成。

用法:1 次服完。

功效:敛肺涩肠,止血解毒,化痰消肿。

主治:胃与十二指肠溃疡。

禁忌:不宜与酶制品同服,以免影响疗效。

(5)半夏黄芩酒(《万病回春》)

原料:制半夏 60 克,黄芩 60 克,干姜 40 克,人参 40 克,炙甘草 40 克,黄连 12 克,大枣 20 克,白酒 2000 毫升。

制法:将诸药去杂质共研碎,装入白布袋扎紧口,放入酒坛,倒入白酒,密封坛口,浸泡 10 天后,挤出药液,装瓶备用。

用法:1 次 20 毫升,1 天 2 次,口服。

功效:和胃降逆,消痞止痛。

主治:胃与十二指肠溃疡;症属:胃气不和、寒热互结、心下痞硬、呕恶上逆、肠鸣不利者。

禁忌:本方剂反乌头。

(6)木瓜煎酒(《本草纲目》)

原料:木瓜(干)30克,米酒500毫升。

制法:取木瓜切片,置于砂锅内,入酒,慢火煎取200毫升。

用法:1次服完,不愈则再制再服。

功效:平肝和胃,去湿舒筋。

主治:急性肠炎、转筋。

禁忌:胃酸过多者慎服。

(7)薏苡佳酒(《本草纲目》)

原料:薏苡仁2500克,酒曲、米适量。

制法:将薏苡仁磨成粉,同酒曲、米适量按常法酿酒或袋盛煮酒,去渣备用。

用法:1次50毫升,1天3次。

功效:健脾,利水湿,清热。

主治:急性胃肠炎、水肿、小便不利、四肢痹痛和拘挛等。

禁忌:本品力缓,用量须大,宜久服,一般无禁忌。

(8)藕节酒(《本草纲目》)

原料:鲜藕节200克,米酒250毫升。

制法:鲜藕节洗净、捣烂、置于碗中,入米酒,隔水蒸煮,滤出酒液即成。

用法:1次60毫升,1天3次,口服。

功效:止血,散淤。

主治:溃疡性结肠炎;症属:毒热壅盛兼血水之状及淤阻肠络型。

禁忌:产妇、大便干燥、上火者不宜饮用。

(9)麻仁酒(《太平圣惠方》)

原料:火麻仁100克,黄酒1500毫升。

制法:火麻仁捣碎装纱布袋内,扎紧袋口,放瓷瓶中,用黄酒浸泡,密封瓶口。再将酒瓶放锅内隔水煮沸4～6小时,使瓶口露出水面。然后取出,继续浸泡 10 天即成。

用法:1 次 15 毫升,1 天 3 次,口服。

功效:润肠,止渴。

主治:肠燥便秘,产后血虚便秘。

禁忌:脾虚便溏者不宜服用。

(10)栀子酒(《普济方》)

原料:栀子 9 克,茵陈 9 克,无灰酒 500 毫升。

制法:将诸药研细末与白酒共置入容器中,于锅内蒸至 3 小时,滤出药液备用。

用法:1 次 50 毫升,1 天 2 次,口服。

功效:清热、利胆、退黄。

主治:黄疸。

禁忌:忌油腻、豆腐、生冷等物。

(11)麻黄醇酒(《外台秘要》)

原料:麻黄(去节)9 克,白酒 1700 毫升。

制法:麻黄入容器中加白酒,文火煎煮至 500 毫升,去渣取药液备用。

用法:1 次 50～100 毫升,汗出愈。

功效:解热、发汗、利胆。

主治:黄疸。

禁忌:高血压、心脏病患者慎用,阴虚盗汗者忌用。

(12)桃仁酒(《太平圣惠方》)

原料:桃仁 500 克,清酒 2500 毫升。

制法:先将桃仁捣碎,置于盆中细研,以清酒少许调和,用双层洁净白纱布包裹,绞取其汁。药渣再研再绞,直到研尽绞尽为止。然后将药汁与清酒同装入瓷坛内,密封坛口,摇之使其混合均匀。最后将酒坛置水中用文火煮沸 3～4 小时,药酒黄如糖稀之色,取下即可。

用法:1 次 30～50 毫升,1 天 3 次,饭前 1 小时温服。

功效:活血通脉,杀虫、通便、悦色。

主治:蛔虫、蛲虫、钩虫病、绦虫病、痛经、闭经等。

禁忌:孕妇忌服。用量不可过多,以防中毒。

(13)黄连酒(《外台秘要》)

原料:黄连 60 克,白酒 500 毫升。

制法:用酒煮黄连,取 150 毫升备用。

用法:1 次 75 毫升,1 天 2 次,口服。

功效:泻火解毒,清热燥湿。

主治:痢疾赤白痢下、里急后重、便血脓血如鸡子白、日夜泻数十次、腹脐痛;症属:湿热下痢者。

禁忌:孕妇慎服。

146. 治疗心血管疾病的药酒有哪些?

(1)丹参酒(《太平圣惠方》)

原料:丹参 30 克,白酒 500 克。

制法:将丹参去杂质,切成薄片,放入白纱布袋内,扎紧袋口。将白酒、纱袋放入酒瓶内,盖封口,浸泡 15 天,滤出药液即成。

用法:1 次 15 毫升,1 天 3 次,口服。

功效:活血祛瘀,益气养血,宁心安神。

主治:心悸、失眠、胸闷。

禁忌:反藜芦。

(2)松萝酒(《肘后备急方》)

原料:松萝、杜衡各 20 克,瓜蒂 15 枚,黄酒 250 毫升。

制法:将前 3 味药洗净,沥干,捣为粗末,放入干净酒坛中,倒入黄酒,浸酒 12 小时以上,压榨、过滤、取汁即成。

用法:早晨饮 15～20 毫升,取吐;若不吐,晚上再服 15～20 毫升。

功效:涌痰降火、行气通脉。

主治:冠心病、胸中有痰、胸闷胸痛者。

禁忌:体质虚弱者忌服;本方剂不宜久服。

(3)桂枝酒(《普济方》)

原料:桂枝 10 克,黄酒 1000 毫升。

制法:桂枝及黄酒入容器中煎煮至 200 毫升,取药液备用。

用法:1 次 100 毫升,1 天 2 次,温服。

功效:温经通阳。

主治:心绞痛。

禁忌:温热病及血热妄行诸症忌用。

(4)当归酒(《景岳全书》)

原料:当归 30 克,白酒 1000 毫升。

制法:将当归碎末后和白酒一起入容器中煎煮,煎至 500 毫升时,取药液备用。

用法:1 次 15～25 毫升,1 天 2 次。

功效:活血祛瘀,止痛。

主治:心肌梗死恢复期。

禁忌:大便泄泻者慎用。

(5)杜仲酒(《三因极—病证方论》)

原料:杜仲 180 克,黄酒 3600 毫升。

制法:将杜仲放入瓷坛内,注入黄酒浸泡,密封坛口,再将酒坛放锅内隔水煮 6 小时,取出后继续浸泡 7 天,然后滤取药液,装瓶备用。

功效:补肝肾、强筋骨。

主治:高血压病、腰膝酸痛等。

禁忌:外感发热、阴虚火旺者不宜服用,目赤牙痛者慎用。

(6)桂花灵芝酒(《鸡鸣录》)

原料:桂花 45 克,灵芝 25 克,米酒 1000 毫升。

制法:将诸药加工捣碎,浸于米酒中,入坛内加盖封严,置于阴凉处。每日摇 1 次,7 天后过滤出药液备用。

用法:1 次 30 毫升,1 天 2 次,口服。

功效:益肝肾,补心脾,调节机体免疫机能。

主治:低血压、体虚无力。

禁忌:女性经期不宜饮用。另应注意,受潮发霉的桂花不能用。

147. 治疗泌尿系统疾病的药酒有哪些?

(1)桃皮酒(《小品方》)

原料:桃树皮(削去外面粗黑皮取内层黄皮)3000 克,酒曲 500 克,秫米 5000 克。

制法:先将桃树皮用水煎煮 40 分钟,滤取药液。取此药液少量浸曲,其余药液浸秫米,24 小时后捞出,放笼内蒸熟。待秫米饭温度降至 33℃时,掺入酒曲,再用药液米泔水调和均匀,放瓷瓮内密封酿造。待酒熟时,压滤去渣,留取酒液,装瓶备用。

用法:1 次 20 毫升,1 天 3 次,温服。

功效:利水消肿,解毒燥湿。

主治:急性肾小球肾炎、水肿、痈疽肿毒。

禁忌:忌生、冷、酒及一切毒物。

(2)桑葚酒(《本草纲目》)

原料:桑葚(黑色成熟鲜品)5000 克,糯米 5000 克,酒曲适量。

制法:将桑葚去除杂质,冲洗干净,绞取汁液,煮沸待温。酒曲研成粉末,糯米加水煮成稀米饭。待温度降至 30℃时,拌入酒曲粉,用桑葚汁调和均匀,共置瓷瓮中密封酿酒。经 21 天酒熟后滤去渣,取酒液密封冷藏备用。

用法:1 次 30 毫升,1 天 3 次,口服。

功效:利水气,消肿,凉血,补血,除热,明目聪耳。

主治:慢性肾炎、消渴、贫血。

禁忌:桑葚最恶铁器。脾胃虚、泄泻者慎服。

(3)茯苓酒(《本草纲目》)

原料:白茯苓 60 克,米酒 1000 毫升。

制法:将白茯苓研碎,加米酒置容器中浸泡 7 天,去渣取药液即成。

用法:1次30毫升,1天2次,口服。

功效:利水渗湿,健脾、安神。

主治:慢性肾炎、水肿、腹泻。

禁忌:便秘者慎用。

(4)竹叶酒(《饮食辩录》)

原料:淡竹叶600克,米酒5000毫升。

制法:将竹叶洗净切碎,放入米酒中用小火煎煮,煮取2500毫升,瓶装密封,备用。

用法:1次80毫升,1天3次,口服。

功效:清心除烦,利尿通淋。

主治:肾盂肾炎。

禁忌:脾虚泄泻者慎服。

(5)蒲黄酒(《千金翼方》)

原料:蒲黄20克,小豆30克,大豆30克,清酒2000毫升。

制法:将前3味药与酒一起入容器中浸泡2小时,再以文火煎煮,煎至300毫升时,去滓豆,取药液备用。

用法:1次100毫升,1天1次,口服。

功效:止淋祛淤,利水消肿,解毒。

主治:肾盂肾炎、血淋、水肿、黄疸。

禁忌:孕妇慎用。

(6)千金藤酒(《普济方》)

原料:千金藤30克,白酒500毫升。

制法:以千金藤浸酒,密封浸泡30天,滤酒备用。

用法:1次10毫升,1天3次,口服。

功效:清热解毒,利湿消肿。

主治:小便不利,湿热淋症。

禁忌:腹泻便溏,胃痛纳差者不宜服用。

148. 治疗血液系统疾病的药酒有哪些？

(1)八珍酒(《万病回春》)

原料:全当归 22 克,南芎 7.5 克,白芍 15 克,炙甘草 12 克,五加皮 60 克,小肥红枣、核桃肉各 30 克,糯米酒 5000 克。

制法:将诸药切成薄片,用纱布袋盛好,浸于糯米酒中,将酒坛密封,隔水加热约 1 小时后,取出埋土中 5 天,然后取出静置 21 天,过滤取药液备用。

用法:1 次 20 毫升,1 天 3 次,口服。

功效:补益气血。

主治:缺铁性贫血。血虚气弱、心悸、气短、面色少华、头眩、腰膝酸软等症。

禁忌:阴虚火旺者慎用。

(2)鸡子阿胶酒(《永乐大典》)

原料:鸡子黄 4 枚,阿胶 40 克,青盐 2 克,米酒 500 克。

制法:将鸡蛋打破,按用量去清取黄。将米酒倒入坛里,置文火上煮沸,放入阿胶,化尽后,下入鸡子黄、青盐,拌匀。再煮数次沸腾即离火,待冷后贮入净器中即成。

用法:1 次 50~100 毫升,1 天 2 次,早、晚分服,温饮。

功效:补虚养血,滋阴润燥,安胎。

主治:营养性巨幼细胞性贫血、体虚乏力、血虚萎黄、虚劳咳嗽、吐血、便血、女子妊娠胎动不安、下血、崩漏、子宫出血等。

禁忌:纳食不消、呕吐泄泻者均忌服。

(3)长生固本酒(《寿世保元》)

原料:人参、甘枸子、淮山药、五味子、天门冬、麦门冬、怀生地黄、怀熟地黄各 15 克,白酒 300 毫升。

制法:将诸药切片,以白纱布袋盛之,浸于酒中,装酒的坛口用箬竹叶封固,再将酒坛置于锅中,隔水加热约半小时,取出酒坛埋入土中数天除火毒,取出静置即可饮用。

用法:每天早、晚各 1 次,1 次服 10～20 毫升。

功效:益气养阴,补血、安神。

主治:再生障碍性贫血;症属:疲倦无力、心悸、头眩、盗汗、手足心热、口燥咽干等。

禁忌:服药期间忌与藜芦、萝卜同用。

149. 治疗内分泌疾病的药酒有哪些?

(1)益气健脾酒(《和剂局方》)

原料:党参 30 克,炒白术 20 克,茯苓 20 克,炙甘草 10 克,白酒 500 毫升。

制法:将诸药碎成粗粉,纱布袋装,扎口,白酒浸泡。7 天后取出药袋,压榨取液。将榨得的药液与药酒混合,静置、过滤,取药液装瓶备用。

用法:1 次 20 毫升,1 天 2 次,温服。

功效:健脾益气。

主治:尿崩症、气虚型、消瘦乏力、动则气短、神情倦怠者。

禁忌:外感邪实者不宜用,糖尿病者慎用。

(2)长生固本酒(《寿世保元》)

原料:党参 30 克,炒白术 20 克,茯苓 20 克,炙甘草 10 克,白酒 500 毫升。

制法:将诸药碎成粗粉,纱布袋装,扎口,白酒浸泡。7 天后取出药袋,压榨取液。将榨得的药液与药酒混合,静置、过滤,取药液装瓶备用。

用法:1 次 20 毫升,1 天 2 次,温服。

功效:健脾益气。

主治:甲亢;症属:气阴两虚者、瘦肿、心慌气短、汗多纳差、倦怠乏力、腹泻、便溏等。

禁忌:外感邪实者不宜用,糖尿病者慎用。

(3)鹿茸酒(《普济方》)

原料:鹿茸 30 克,干山药粉 30 克,白酒 500 毫升。

制法:鹿茸去毛,切薄片,山药粉以白纱布袋盛之;入瓶内加酒浸,密封瓶口,浸 10 天后滤出清液即可饮用。

用法:1 次 30 毫升,1 天 2 次,口服。酒尽后,将鹿茸焙干研成细粉状,可做补药用。

功效:补肾助阳,益精血,强筋骨。

主治:甲减;症属:脾肾阳虚者。

禁忌:阴虚有热者忌服。

(4)牛蒡地黄酒(《圣济总录》)

原料:牛蒡子 100 克,生地黄 100 克,枸杞 100 克,牛膝 20 克,白酒 1500 毫升。

制法:将诸药共研碎,用白布袋盛,入酒坛内加酒浸泡,密封,15天后去渣,取药液备用。

用法:1 次 50~75 毫升,1 天 2 次,早、晚空腹温服,令微醉为好。

功效:清热解毒,散结消肿,养阴凉血,益肝补肾。

主治:风毒疮痈不愈、阴虚发热,可用于甲状腺炎。

禁忌:脾虚、便溏者不宜服用。

(5)海藻酒方(《肘后备急方》)

原料:海藻 500 克,清酒 2500 毫升。

制法:将海藻去除杂质,用凉开水快速淘洗,滤干,用 2 个纱布袋盛,放小口瓷坛中,注入清酒浸泡,密封坛口。再将酒坛放水中煮沸4~6 小时(使水淹没酒坛的 4/5,坛口露出水面),然后取出,继续浸泡 5~7 天,每天摇3~5次,滤取药酒,药渣晒干为末,分别装瓶备用。

用法:1 次取海藻粉末 9 克,以药酒 30 毫升冲服,1 天 3 次。

功效:清痰、软坚、消瘿。

主治:瘿瘤(甲状腺肿大)。

禁忌:海藻反甘草。

150. 治疗糖尿病的药酒有哪些?

(1)猕猴桃酒(《普济方》)

原料:猕猴桃 300 克,米酒 1500 毫升。

制法:将猕猴桃洗净,去皮,捣烂,放入白酒瓶内,封口泡 30 天,滤汁即成。

用法:1 次 50～75 毫升,1 天 3 次,口服。

功效:清热养阴,止渴通淋。

主治:消渴(糖尿病)。

禁忌:脾胃虚寒、腹痛腹泻者不宜服用。

(2)地仙酒(《十便良方》)

原料:蔷薇根 500 克,黄酒 2500 毫升。

制法:将蔷薇根洗净,切碎,蒸熟,晒干,研为细末,放入黄酒瓶中浸泡,7 天后滤出药液,去渣,装瓶备用。

用法:1 次 30～50 毫升,1 天 3 次,空腹温服。

功效:清热解毒,去五脏客热,止消渴。

主治:消渴(糖尿病)、关节炎、跌打损伤。

禁忌:虚寒证者慎用。

(3)桑葚醪(《食鉴本草》)

原料:鲜桑葚 10 千克,糯米 5000 克,甜酒曲 500 克。

制法:将鲜桑葚用清水冲洗干净,绞取汁液。将糯米去除杂质,加水煮成稀米饭。待米饭冷至30℃左右时,将糯米饭、桑葚汁、甜酒曲三者混合,调和均匀,装入瓷瓮内,密封,用酿造法酿酒。21 天后启封,压去糟粕,滤取药液,瓶装密封,冷藏备用。

用法:1 次 30～50 毫升,1 天 2 次,空腹时服用。

功效:补血益肾,生津止渴,润肠。

主治:消渴、肝肾亏虚型(糖尿病)、眩晕、耳鸣、目暗、便秘。

禁忌:腹泻时慎用。

151. 治疗肥胖和高脂血症的药酒有哪些?

(1)地黄酒(《太平圣惠方》)

原料:鲜地黄汁 500 毫升,火麻仁、杏仁各 500 克,糯米 2500 克,细曲 750 克。

制法:将火麻仁去除杂质,研为粗末。杏仁用清水泡 24 小时,去除皮、尖,晒干,微火炒至焦黄,研为杏仁泥。将糯米用清水淘洗,米泔水拌和火麻仁末及杏仁泥。糯米加水煮成稀米饭。待温度降至 32℃左右时,与诸药及细曲混合,搅拌均匀,置瓷瓮内,加盖密封。20 天开封,加入鲜地黄汁,无须搅拌,仍密封瓮口。又 60 天酒成,压去酒糟,滤取药液,装瓶备用。

用法:1 次 30 毫升,1 天 2 次,早、晚服用。

功效:益气养血,润肠通便,瘦身,延缓衰老。

主治:肥胖症。

禁忌:腹泻者慎用。

(2)蒜酒(《圣济总录》)

原料:大蒜 1000 克,桃仁 500 克,淡豆豉 500 克,白酒 5000 毫升。

制法:将诸药研细末,用白纱布袋盛,与白酒一起入酒坛中浸泡,密封坛口,10 天后滤出药液,装瓶备用。

用法:1 次 10~20 毫升,1 天 2 次,口服。

功效:活血降脂,通五脏,宣郁除烦。

主治:高脂血症。

禁忌:阴虚火旺者慎用。

(3)菊花酒(《太平圣惠方》)

原料:菊花、生地黄、地骨皮、糯米各 1000 克,酒曲适量。

制法:菊花、生地黄、地骨皮加水 10 公斤,煎煮 30 分钟,取药液,再与糯米一起煮成粥状,待温度降至 35~40℃时,和入酒曲,装坛中酿酒,密封坛口,30天后即成,取上清液。

用法:1次30毫升,1天2次,口服。

功效:清肝补肾,凉血降脂。

主治:高脂血症;症属:肝郁脾肾虚证。

禁忌:阳虚者慎用。

152. 治疗痛风的药酒有哪些?

(1)撮风酒(《世医得效方》)

原料:寻风藤、青藤根、石薜荔、三角尖各30克,生姜、五加皮各45克,苍术、骨碎补、威灵仙、续断、川朱膝、甘草各15克,狗胫骨100克,乌药、石南叶、苏木、南木香、青木香、乳香各6克,当归、羌活、防风各10克,细辛、川乌头各3克,无灰酒6000毫升。

制法:将诸药去除杂质。先将狗胫骨用水洗净,再用沙子炒至黄酥,再与其余药物共研为细末,装入5个纱布袋中,扎紧袋口,放入小口瓷坛内,注入无灰酒,用油纸密封坛口。再将酒坛放入水中慢火煮沸4小时,取出停放5天后,滤取药液,装瓶备用。

用法:1次30毫升,1天3次,饭前空腹或临睡前温服。

功效:祛风通络,强筋壮骨。

主治:痛风、鹤膝风。

禁忌:忌与半夏、瓜蒌、贝母、白及、白蔹同用。

(2)松节酒(《太平圣惠方》)

原料:松节400克,糯米5000克,甜酒曲500克。

制法:将松节加水煎煮2小时,去渣取汁。糯米水浸12小时,捞出上笼蒸熟,甜酒曲研末。然后将松节药液、糯米饭、糯米泔水、甜酒曲混合调匀,同放瓷坛中密封酿酒。大约经过21天,酒熟,压去糟粕,滤取药汁,瓶装密封备用。

用法:1次30毫升,1天3次,饭前空腹温服。根据个人酒量可适当增减用量,以不醉为度。

功效:祛风胜湿,止痛。

主治:痛风、鹤膝风。

禁忌:血燥有火者慎用。

(3)杜仲酒(《太平圣惠方》)

原料:杜仲 40 克,牛膝、石南藤各 20 克,羌活、防风各 15 克,附子 10 克,白酒 2500 毫升。

制法:将前 6 味药去除杂质,锉如豆大,用纱布袋盛,扎紧袋口,与白酒一起放入瓷坛中浸泡,密封坛口,每天摇 1 次。30 天启封,滤取药液,装瓶备用。

用法:1 次 15 毫升,1 天 2 次,口服。

功效:补肝肾、强筋骨、祛风湿、活血祛瘀,止痛。

主治:痛风、腰脚疼痛难忍者。

禁忌:孕妇及月经过多者忌用。

(4)海桐皮酒(《太平圣惠方》)

原料:海桐皮、五加皮、独活、防风、全蝎、杜仲各 10 克,桂心、附子各 6 克,酸枣仁、薏苡仁、生地各 15 克,白酒 1500 毫升。

制法:将诸药去除杂质,锉如豆大,用纱布袋盛,扎紧袋口,与白酒一起同放瓷坛中浸泡,密封坛口,每天摇 1 次。35 天后启封,滤取药液,装瓶备用。

用法:1 次 10 毫升,1 天 2 次,口服。

功效:祛风胜湿,止痛。

主治:痛风;膝、脚疼痛,行立不能。

禁忌:孕妇忌服,阴虚火旺者慎用。

153. 治疗结缔组织病的药物有哪些?

(1)络石藤浸酒(《本草纲目》)

原料:络石藤(茎叶)90 克,黄酒 500 毫升。

制法:将络石藤茎叶洗净,晒干,碎为粗末,放入干净的大口玻璃瓶中,倒入黄酒,密封浸泡5～7天,过滤去渣即成。

用法:1次30毫升,1天2次,口服。

功效:祛风通络,凉血消肿。

主治:类风湿性关节炎。

禁忌:脾虚、便溏者慎用。

(2)生石斛酒(《外台秘要》)

原料:生石斛90克,牛膝30克,杜仲、丹参各24克,生地黄150克,黄酒3000毫升。

制法:将诸药切碎,用纱布袋盛,放酒坛内,封口泡7天后,去药渣,取药液装瓶备用。

用法:1次30毫升,1天3次,温服。

功效:补肾强筋骨,活血祛瘀,利关节,止痛。

主治:类风湿性关节炎。

禁忌:外感发热及孕妇忌服。

(3)天雄酒(《太平圣惠方》)

原料:天雄6克,附子、杜仲、酸枣仁、牛膝、淫羊藿、白术、五加皮、乌蛇、石斛、防风、桂心、川芎、花椒各3克,白酒1000毫升。

制法:将诸药去除杂质,共研为细末,装入纱布袋中,浸入白酒内,密封。每天摇1次。7天后滤出药液备用。

用法:1次10毫升,1天3次,饭前空腹温服。

功效:补肾壮腰,祛风湿,通经络,止痛。

主治:强直性脊柱炎、风湿性关节炎、坐骨神经痛等。

禁忌:孕妇及关节红肿热痛性关节炎忌用。

(4)补益黄芪酒(《太平圣惠方》)

原料:黄芪30克,牛膝、杜仲、白茯苓、山茱萸各15克,萆薢、防风、石斛、肉苁蓉、石南藤各10克,附子、桂心各5克,黄酒2000毫升。

制法:将诸药去除杂质,共研粗末,用2个纱布袋盛,放入小口瓷坛内,注入黄酒浸泡,密封坛口。再将酒坛置水中慢火煮沸4小时,取出静放 3～5 天,过滤出药液装瓶备用。

用法:1 次 20 毫升,1 天 2 次,饭前空腹温服。

功效:益气、补肝肾,助阳,强筋骨,祛风湿,通络。

主治:多发性肌炎、皮肌炎(下肢痿、痹、腰腿无力者)。

禁忌:孕妇禁服。

(5)黄芪酒(《普济方》)

原料:黄芪 30 克,附子、乌头、天雄、干姜、花椒、桂心各 6 克,白术、独活、当归、防风、牛膝、葛根、石菖蒲、川芎、肉苁蓉、石斛、山茱萸、石钟乳、柏子仁各 10 克,秦艽、大黄、石南藤 15 克,细辛、甘草各 4 克,黄酒 5000 毫升。

制法:将诸药去除杂质,共研为粗末,用纱布袋盛,扎紧袋口,放入瓷坛内,注入黄酒浸泡,密封坛口。再将酒坛放水中,坛口露出水面,煮沸 3 小时,取出静放 3 天,滤出药液备用。

用法:1 次 30 毫升,1 天 2 次,饭前或临睡前空腹温服。

功效:益气补阳,祛风散寒,活血通络,止痛。

主治:皮痹、肌痹、骨痹(硬皮病症属:皮肤肿胀、肌肉不仁、关节疼痛、筋脉拘挛等)。

禁忌:孕妇禁服。

154. 治疗神经系统疾病的药酒有哪些?

(1)菊花酒(《本草纲目》)

原料:甘菊花 500 克,生地黄 300 克,枸杞子、当归各 100 克,糯米 3000 克,酒曲 1000 克。

制法:将诸药加水煎煮取浓汁,用纱布过滤。再将糯米煮半熟后沥干,与药汁混匀后再蒸熟,待凉后拌上酒曲,装入瓦坛中发酵 20 天,有甜味后滤出药液,装瓶备用。

用法:1 次 30 毫升,早晚各 1 次,温服。

功效:养肝明目,滋阴清热。

主治:头痛(肝肾不足型头痛)。

禁忌:风寒性头痛忌用。

(2)蔓荆子酒(《千金要方》)

原料:蔓荆子 90 克,黄酒 500 毫升。

制法:将蔓荆子去除杂质,研为粗末,用纱布袋盛,扎紧袋口,放入瓷瓶内,用黄酒浸泡,密封瓶口,每天摇 1 次,7 天后取药液即可使用。

用法:1 次 35 毫升,1 天 3 次,饭后温服。

功效:疏散风热,清利头目。

主治:头风、头痛。

禁忌:过敏体质者、胃虚血虚者慎用。

(3)两皮干蝎酒(《证治准绳》)

原料:海桐皮、五加皮、独活、防风、干蝎、杜仲、牛膝各 30 克,生地黄 90 克,玉米 80 克,黄酒 1300 毫升。

制法:将玉米、干蝎分别炒后,上述 9 味共研为细末,用纱布袋装,扎紧口,用黄酒同浸于瓷瓶中,密封,秋夏 3 天、春冬 7 天后开封,去渣,取药液备用。

用法:1 次 50 毫升,1 天 2 次,饭前温服。

功效:祛风、解毒、消肿,活血通络。

主治:面神经炎(症属为风寒湿型)。

禁忌:孕妇禁用。

(4)地黄酒(《圣济总录》)

原料:鲜地黄 1500 克,黄酒 3000 毫升。

制法:将鲜地黄去除杂质,清洗干净,捣烂,绞取自然汁,与黄酒混合,在砂锅内慢火煮沸 5 分钟,待冷时滤出药渣,取药液装入瓷瓶内,密封冷藏。

用法:1 次 30 毫升,1 天 2 次,早晚空腹温服。

功效:补肾增髓。

主治:多发性神经炎(痿症)。

禁忌:脾虚有湿、腹满便溏者慎服。

(5)当归细辛酒(《圣济总录》)

原料:当归、细辛、防风各 45 克,制附子 10 克,麻黄 35 克,独活 90 克,酒 1500 毫升。

制法:将细辛去苗,防风去叉,麻黄去根节煮沸去沫,独活去芦,上述药捣碎如麻豆大,以酒煎取 1000 毫升,去渣、装瓶备用。

用法:1 次 10～20 毫升,1 天 3 次,饭前空腹温服。

功效:祛风散寒,和血上痛。

主治:三叉神经痛(偏头痛症属风寒型)。

禁忌:表虚自汗、阴虚盗汗、喘咳、高血压者禁用。

(6)松花酒(《元和纪用经》)

原料:松花(松树刚抽出的嫩花心,状如鼠尾)250 克,白酒 1000 毫升。

制法:将松花切碎,装入纱布袋中,扎紧口,放酒中浸泡,加盖密封,每天摇 1 次,30 天后滤取酒液,装瓶备用。

用法:1 次 20 毫升,1 天 3 次,空腹时口服。

功效:祛风湿,通经络。

主治:痹症(坐骨神经痛、风湿性关节炎、多发性神经炎等)。

禁忌:免受风寒。

(7)牛黄酒(《普济方》)

原料:牛黄、钟乳石、龙角、秦艽、人参、白术、当归各 3 克,麻黄(去节)、桂心、细辛、杏仁、药椒、甘草各 1.2 克,蛴螬 9 只,黄酒 500 毫升。

制法:将前 14 味药去除杂质,除牛黄、蛴螬外,余药共研为细末,然后再与牛黄、蛴螬一起装入纱布袋内,扎紧袋口,放入瓷瓶中,注入黄酒浸泡,密封瓶口。再将酒瓶放入水中,使水淹没酒瓶的 4/5,瓶口露出水面,加热煮沸 4～6 小时。取出酒瓶,继续浸泡,每天摇 3～5 次,5～7 天即可使用。

用法:1 次 5～10 毫升,1 天 3 次,口服。

功效:调气血,止惊痫。

主治:小儿惊痫。

禁忌:阴虚火旺者禁用。

(8)白鱼酒(《外台秘要》)

原料:衣中白鱼 7 枚,竹茹 10 克,黄酒 1000 毫升。

制法:将竹茹去除杂质,剪碎,与衣中白鱼一起加水 750 毫升在砂锅内煎煮 30 分钟,然后加入黄酒,继续煮沸 10 分钟,滤取药液 50~75 毫升备用。

用法:1 次服完,1 天 1 次。

功效:清心涤痰。

主治:小儿癫痫。

禁忌:哮喘、荨麻疹者忌饮用。

(9)白术酒(《圣济总录》)

原料:白术、地骨皮、蔓荆子各 750 克,菊花 500 克,黍米 5000 克,小麦曲适量。

制法:前 4 味药去除杂质,以水 10 升,煎取 6000 毫升药液。再用此药液浸黍米 48 小时,捞出后放笼内蒸熟,待温,拌入小麦曲,用上述 4 味药液调和,放入瓮中,用传统酿造法密封酿酒,经 21 天酒熟。压去糟滓,滤取药液,装瓶备用。

用法:1 次 50 毫升,1 天 2 次,口服。

功效:疏风健脾,利血脉。

主治:中风瘫痪、手足不遂、头昏头痛。

禁忌:无明显禁忌;少儿不宜饮用。

(10)当归酒(《圣济总录》)

原料:当归、麻黄、防风、独活各 150 克,细辛、附子各 10 克,白酒 3000 毫升。

制法:将诸药去除杂质,锉成粗末,装入双层脱脂纱布袋内,在白酒中煮沸 30 分钟,去除药渣,滤取药液,装瓶备用。

用法:1 次 5~10 毫升,1 天 2 次,饭前温服。

功效:活血祛风,散寒通络。

主治:中风、半身不遂、头痛身痛、关节痛等。

禁忌:火热内盛、目赤红肿、牙龈肿痛、鼻衄者不宜服用,孕妇禁用。

(11)华佗黄精酒(《本草纲目》)

原料:黄精、苍术各 300 克,枸杞根、侧柏叶各 400 克,天门冬 200 克,糯米 15 千克,酒曲适量。

制法:前 5 味药加水煮汁 5000 毫升备用。糯米以清水 30 升浸泡 12 小时,捞出上笼蒸成熟米饭,然后与米泔水相混。待温度降至 30℃左右时,拌入酒曲调匀,置瓷瓮中,密封瓮口。经 21 天酒熟,启封,加入上述药液后密封存放。3 天后再启封,压去酒糟。滤取药液,装瓶备用。

用法:1 月 30 毫升,1 天 2 次,温服。

功效:益精髓,补诸虚,强筋骨。

主治:肝肾亏虚、头晕、健忘、肢体麻木、发白;适用于脑萎缩、形体衰老、髓海不足型。

禁忌:脾虚有湿、便溏者慎用。

(12)回春酒(《同寿录》)

原料:人参 30 克(鲜人参 200 克),鲜荔枝肉 1000 克,白酒 2500 毫升。

制法:将人参去除杂质及头芦,用凉开水快速淘净,滤干,切成薄片,与鲜荔枝肉一同放入洁净瓷坛内,注入白酒浸泡,密封坛口,每天摇 3～5 次,7 天后滤出药液,装瓶备用。

用法:1 次 15 毫升,1 天 2 次,早、晚服用。

功效:健脾益气,安神增智。

主治:虚烦失眠、体弱神疲、面色无华。

禁忌:忌萝卜。

(13)枸杞酒(《韩氏医通》)

原料:枸杞 60 克,黄连(炒)40 克,绿豆 16 克,米酒 2000 毫升。

制法:将前 3 味药去除杂质,捣成粗末,用纱布袋盛,扎紧袋口,放米酒中慢火煮沸 2 小时,再放瓷坛中密封贮藏 1 个月,滤出药液,装瓶备用。

用法:1 次 50~100 毫升,1 天 3 次,空腹温服。

功效:养阴清火,安神。

主治:阴虚火旺症失眠。

禁忌:胃寒呕吐、脾虚泄泻者忌用。

155. 治疗精神疾病的药酒有哪些?

(1)延寿酒(《寿世保元》)

原料:龙眼肉 500 克,桂花 120 克,白糖 250 克,黄酒 5000 毫升。

制法:将前 2 味药去除杂质,然后与白糖、黄酒一起同入瓷坛中浸泡,用数层油蜡纸密封坛口,每天摇 1 次,3 个月后启封,滤取药液,装瓶备用。

用法:1 次 30~50 毫升,1 天 2 次,口服。

功效:补心健脾、醒脑安神、化痰散瘀。

主治:失眠健忘、头目昏沉、智能衰退;亦可用于老年痴呆症、肾虚血淤症。

禁忌:素体火旺者慎用,糖尿病患者忌用。

(2)地黄养血安神酒(《惠直堂经验方》)

原料:熟地黄 50 克,当归 25 克,制首乌 25 克,龙眼肉 20 克,枸杞子 25 克,沉香末 1.5 克,炒薏苡仁 25 克,白酒 1500 毫升。

制法:诸药粉碎成粗粉,纱布袋装,扎口,白酒浸泡,7 天后取出药袋,压榨取液。将榨得的药液与药酒混合,静置,过滤,装瓶备用。

用法:1 次 20 毫升,1 天 2 次,温服。

功效:养血安神。

主治:惊悸、健忘、不寐(神经衰弱)等。

禁忌:糖尿病、风寒感冒、阴虚火旺者慎用。

（3）宁心酒（《寿世保元》）

原料：龙眼肉 250 克，桂花 60 克，白糖 120 克，白酒 2500 克。

制法：将前 2 味药与白糖、白酒共置入容器中，密封静置浸泡。浸泡时间愈久愈佳（一般 30 天即可）。

用法：1 次 30 毫升，1 天 2 次，口服。

功效：益心脾、补气血、安神。

主治：神经衰弱、思虑过度、心悸怔忡、健忘、记忆力减退。

禁忌：哮喘、感冒、糖尿病者不宜饮用。

156. 治疗男性疾病的药酒有哪些？

（1）枸杞桂圆酒（《和剂局方》）

原料：枸杞子、桂圆肉、核桃肉、白米糖各 250 克，白酒 7000 克，糯米酒 500 克。

制法：将诸药共装细纱布袋内，扎口，入坛内，用白酒、糯米酒浸泡，封口，埋入地下 21 天取出，装瓶备用。

用法：1 次 50～100 毫升，1 天 2 次，口服。

功效：健脾补肾，养血脉，抗衰老。

主治：精子减少症。

禁忌：火旺者慎用，糖尿病患者忌用。

（2）茯苓枣肉酒（《太平圣惠方》）

原料：茯苓 100 克，大枣肉 50 克，胡桃仁 40 克，白蜜 600 克，炙黄芪、人参、白术、当归、川芎、炒白芍、生地黄、熟地黄、小茴香、枸杞子、覆盆子、陈皮、沉香、官桂、砂仁、甘草各 5 克，乳香、没药、五味子各 3 克，白酒 2000 毫升，黄酒 1000 毫升。

制法：将白蜜入锅熬沸，入乳香、没药搅匀，微火熬沸后倒入酒坛，再将其余各味药研为细末，放入酒坛，倒入白酒、黄酒后密封坛口，把酒坛置于锅内，隔水煮 40 分钟，取出并埋于地下土中 3 天后开封，过滤出药液，装瓶备用。

用法:1次20毫升,1天2次,口服。

功效:填髓补精、强筋壮骨、补元调经。

主治:精子减少症、月经不调者。

禁忌:反藜芦,忌萝卜、葱、蒜、韭菜、李子。

(3)鹿角酒(《肘后备急方》)

原料:鹿角300克,黄酒1500毫升。

制法:将鹿角在炭火中烧红,趁热立即放酒中淬,再烧再淬,以角碎为度。

用法:1次25毫升,1天3次,口服。

功效:温补肝肾,活血消肿。

主治:阳痿、滑精、急性腰扭伤等。

禁忌:阴虚火旺、五心烦热者忌用,酒精过敏者慎用。

(4)南藤酒(《本草纲目》)

原料:南藤120克,黄酒1000毫升。

制法:南藤除去杂质,切碎,放入干净的广口玻璃瓶中,倒入黄酒,封口浸泡5~7天,取上清液即成。

用法:1次30毫升,1天2次,中午、晚各服。

功效:祛风活血、温阳补肾。

主治:阳痿、关节疼痛、腰膝冷痛。

禁忌:阴虚火旺者慎用。

(5)治阳痿酒(《普济方》)

原料:人参50克,枸杞子200克,黄酒1500毫升。

制法:将上述药放入砂锅,加水过药面,文火煮沸,与黄酒一同倒入酒坛,密封坛口,浸泡30天后取药液,装瓶备用。

用法:1次20毫升,1天2次,口服。食冬虫夏草炖鸡或对虾时饮之疗效更佳。

功效:补肾壮阳。

主治:阳痿(阳虚型)。

禁忌:本方剂忌藜芦。

（6）兴阳补肾酒（《和剂局方》）

原料：淫羊藿 50 克，阳起石 50 克，米酒 800 毫升。

制法：将前 2 味药浸泡于酒中，1 个月后滤出药液，装瓶备用。

用法：1 次 40 毫升，1 天 1 次，临睡前饮服。

功效：补肾壮阳。

主治：遗精、早泄、阳虚所致阳痿等。

禁忌：阴虚者慎用。

（7）延寿瓮头春（《寿世保元》）

原料：淫羊藿（米泔水浸后用羊脂 500 克拌炒至黑色）750 克，当归、五加皮、地骨皮各 120 克，红花（捣烂后晒干）500 克，天门冬（去心）、补骨脂、肉苁蓉（麸炒）、排膝（去苗）、杜仲（麸炒）、花椒（去椒目）、粉甘草、缩砂仁、白豆蔻各 30 克，木香、丁香、附子（水煮）各 15 克，糯米 11.5 千克，酒曲 2000 克，黄酒 20 升。

制法：将诸药去除杂质，除砂仁、木香、丁香、白豆蔻外，其余药物加水煎煮，去滓取液。将糯米在此药液中浸 12 小时，捞出蒸熟，待温度降至 30℃ 左右时，掺入酒曲和药液，调和均匀，放入瓷瓮内，密封瓮口，用酿造法酿酒，21 天后酒熟，压去糟粕，滤取酒液再将此药与黄酒兑在一起，盛于瓷坛内，加入砂仁、木香、丁香、白豆蔻浸泡，密封坛口。再将此酒坛置水中用慢火煮沸 4～6 小时，取出并埋入地下，3～5 天后起出，滤取药液，装瓶密封备用。

用法：1 次 30 毫升，1 天 3 次，饭前温服。

功效：补肾壮阳，强筋壮骨，温中健胃，行气活血。

主治：早泄、阳痿、风寒湿痹、胃寒、胃痛等。

禁忌：阴虚火旺、咽干、头昏、疮疡肿痛者忌用。

157. 治疗传染性疾病的药酒有哪些？

（1）金蟾脱甲酒（《外科正宗》）

原料：大蛤蟆 1 个，黄酒 1500 毫升。

制法:将蛤蟆用清水冲洗干净,装入瓶中,注入黄酒浸泡,密封瓶口。再将酒瓶隔水煮沸 40 分钟,使水淹没酒瓶 4/5,瓶口露出水面。然后取出,次日即可使用。

用法:本方剂在 3～5 天内服完,随人酒量大小,以不醉为度。

功效:清热解毒,补虚活络。

主治:杨梅疮、杨梅结毒。不拘新久,轻重皆宜。

禁忌:寒、凉。

(2)神效酒(《景岳全书》)

原料:人参、没药、当归各 30 克,甘草 9 克,全瓜蒌 15 克,黄酒 1500 毫升。

制法:用酒煎药,酒去 1/3 时止,滤汁备用。

用法:1 天 1 剂,分 4 次服完。

功效:益气活血,托毒散毒。

主治:一切疮疡肿毒。

禁忌:对酒类过敏者不宜服用,孕妇忌服。

(3)常春藤酒(《本草拾遗》)

原料:常春藤(鲜品)1500 克,黄酒 1500 毫升。

制法:将鲜常春藤用凉开水快速洗净,滤去水液,切碎、绞碎,与黄酒混合,用文火煮沸 5 分钟,除药渣,取药液,装瓶备用。

用法:1 次 30～50 毫升,1 天 2 次,温服。

功效:祛风利湿,解毒消肿。

主治:痈疖肿毒、湿疹、荨麻疹、狂犬咬伤、风湿痹痛等。

禁忌:自汗者慎用。

附注:常青藤茎叶味苦,性凉,具祛风、利湿、平肝、解毒等功效。

(4)忍冬酒一(《外科精要》)

原料:忍冬藤(生用)200 克,甘草 40 克,黄酒 1000 毫升。

制法:将前 2 味药用水 1000 毫升煎至 500 毫升,入黄酒再煎 10 分钟,过滤去渣,取药液,装瓶备用。

用法:1 次 30～50 毫升,1 天 3 次,口服。

功效:清热解毒。

主治:痈、疽、疮疡。

禁忌:脾虚泄泻者慎服。

(5)甜橙水酒(《滇南本草》)

原料:甜橙汁100毫升,黄酒100毫升。

制法:将甜橙用清水冲洗干净,连皮带肉一同捣烂,绞取汁液,与黄酒混合即成。

用法:分3次1天服完,饭前空腹温服。

功效:行气,散结,止痛。

主治:妇人乳痈。

禁忌:阴虚火旺者慎服。

(6)忍冬酒二(《万氏家抄方》)

原料:忍冬藤150克,生甘草30克,黄酒250毫升。

制法:将前2味药去除杂质,洗净切碎,放砂锅内加水500毫升,用文火煎煮,煎至药液约剩250毫升时,加入黄酒,再煎沸15分钟,去除药渣,滤取药液备用。

用法:1天内分3次服完,饭前空腹温服。

功效:清热解毒,消肿止痛。

主治:乳痈初期、痈疽发背等。

禁忌:大便溏者慎服。

(7)蒲公英酒(《景岳全书》)

原料:蒲公英(鲜品)500克,黄酒1000毫升

制法:将蒲公英洗净、沥干、捣烂,加黄酒于干净玻璃瓶中浸泡,密封瓶口,7天后滤去药渣,取药液备用。

用法:1次50毫升,1天3次,温服,药渣外敷患处。

功效:清热解毒,利尿散结。

主治:乳痈、乳吹。

禁忌:虚寒泄泻者禁服。

(8)金星酒方(《圣济总录》)

原料:金星草30克,甘草3克,黄酒250毫升。

制法:将前2味药研面,以黄酒煎2~3次沸腾后,入瓶封藏。

用法:1次20毫升,1天3次,口服。

功效:清热解毒、凉血。

主治:痈疽肿毒,急性淋巴结炎。

(9)远志酒(《本草纲目》)

原料:远志100克,米酒1500毫升。

制法:将远志以米泔水清洗,捶去心,研为细末,入米酒1500毫升,密封浸泡3~5天,取上清液,装瓶备用。

用法:1次80毫升,1天2次,口服。急用时取药末10克,以温酒100毫升调和,澄清片刻,饮其清液,以药渣敷患处。

功效:清热解毒,消痈肿。

主治:一切痈疽发背疖毒(化脓性腮腺炎、痈、疔等)。

禁忌:胃炎者慎用。

158. 治疗肿瘤的药酒有哪些?

(1)土细辛酒(《本草纲目》)

原料:土细辛50克,黄酒1000毫升。

制法:土细辛去杂质,研末,放入黄酒中。在火上熬成膏剂,再用黄酒稀释调和即成。

用法:1次20毫升,1天3次,口服。服用时,将药液调均匀后再分服。

功效:活血降气。

主治:噎膈(食管癌)。

禁忌:孕妇忌用。本品有小毒,不宜久服。

附注:土细辛具活血、止血、祛风、止痛等功效。

(2)威灵仙酒(《肘后备急方》)

原料:威灵仙 300 克,黄酒 4000 毫升。

制法:威灵仙除去杂质,切碎,放入干净的酒坛中,注入黄酒,密封浸泡 10 天,过滤去渣,取药液,装瓶备用。

用法:1 次 30～50 毫升,1 天 2 次,口服。

功效:祛风湿、通经络,止痹痛,治骨鲠。

主治:噎膈、腰腿疼痛久治不愈等。

禁忌:身体虚弱者慎用。

(3)蟹壳酒(《串雅内编》)

原料:生蟹壳(新鲜)数十枚,陈酒适量。

制法:取生蟹壳,洗净,晒干,放砂锅内焙焦,研为细末,过筛后与陈酒调和即成。

用法:1 次 6 克,用陈酒 30 毫升冲服,1 天 3 次。

功效:活血解毒。

主治:乳腺癌溃烂。

禁忌:忌与花生、茄子、梨同服。

(4)菊花首乌酒(《备急千金方》)

原料:菊花 2000 克,何首乌 1000 克,当归、枸杞子各 500 克,大米 3000 克,酒曲适量。

制法:将菊花、何首乌、当归、枸杞子入砂锅,加水超过药面,煎成浓汁。再将米蒸熟,与药汁同放入酒坛,拌匀冷凉后,加入酒曲,再拌均匀,加盖密封坛口,置于温暖处,发酵 7 天后滤去渣即成。

用法:1 次 20 毫升,早、晚各服 1 次。

功效:养肝肾,益精血。

主治:化疗后的贫血。适用于肝肾不足、目视昏花、头晕失眠、腰膝酸软等。

禁忌:腹泻者慎用。

(5)熟地枸杞酒(《景岳全书》)

原料:熟地 55 克,山药 45 克,枸杞子 50 克,茯苓 40 克,山茱萸

25克,炙甘草30克,黄酒1000毫升。

制法:以200毫升水和黄酒一起文火煎煮诸药30分钟,待药渣沉淀后,用纱布过滤。过滤后的药酒即可饮用。滤得的药渣用纱布另包,仍可浸在药酒中。

用法:1天1次,每次20～30毫升。晚饭后饮用。

功效:滋阴补肾。

主治:肾阴不足、腰酸遗精、口燥咽干、温汗、头晕耳鸣。

本方剂可用于化疗、放疗后肾阴(精)亏虚者,症见口燥咽干、形体瘦、头昏健忘、失眠、梦遗、耳鸣耳聋、腰腿酸软、低热虚烦、尿浊或尿多如脂、舌红少苔、脉细者,上述症状具备3条及3条以上者均可应用。

禁忌:腹胀、便溏者慎用。

(6)厚朴将军酒(《千金要方》)

原料:厚朴(制)30克,大黄20克,黄酒1000毫升。

制法:将前2味药粉碎成粗末,纱布袋装,扎口,黄酒浸泡3小时后,再以小火煮沸20分钟,待凉后,密封容器。10天后取出药袋,压榨取液。最后将榨得的药液与药酒混合,静置,过滤,装瓶备用。

用法:1次20毫升,1天2～3次,口服。

功效:消食导滞,行气通便。

主治:宿食内积、脘腹饱胀、不思饮食、大便秘结。

长春碱类(尤其是长春新碱)可因影响自主神经而抑制肠蠕动,导致麻痹性肠梗阻、大便秘结、腹胀;秋水仙碱也可引起便秘,均可应用本方剂治疗。

禁忌:孕妇及女性经期忌用。

159. 治疗皮肤病和外伤的药酒有哪些?

(1)雄黄散(《寿世保元》)

原料:雄黄、五灵脂、白芷、贝母各等份。

制法:将诸药共研为细末。

用法:1次6克,用白酒50毫升煮热后调服,1天2次。再用白矾加开水泡化后清洗患处。

功效:清热解毒,消肿止痛。

主治:毒蛇咬伤。

禁忌:本方剂反乌头,孕妇禁用。

(2)蝉衣酒(《本草纲目》)

原料:蝉蜕(蝉衣)30克,黄酒500毫升。

制法:将蝉蜕洗净晒干,微炒,研为细末,与黄酒调和即可。

用法:1次用蝉蜕细末3克,以黄酒15毫升加凉开水30毫升调和冲服,1天2次。

功效:祛风解痉。

主治:破伤风。

禁忌:酒精过敏者禁用。

(3)水蓼酒(《圣济总录》)

原料:水蓼不拘多少,白酒适量。

制法:水蓼捣碎取汁,与等量白酒调匀备用。

用法:1次50毫升,1天3次,口服。

功效:祛风消肿。

主治:蜂螫伤、痈肿。

禁忌:大便秘结者慎用。

(4)苍耳煮酒(《本草纲目》)

原料:苍耳(茎叶)30克,黄酒500毫升。

制法:将苍耳加工捣碎,以黄酒500毫升文火煮沸30分钟,过滤,取药液,装瓶备用。

用法:1次30～50毫升,1天2次。

功效:清热解毒,祛风杀虫。

主治:狂犬咬伤。

禁忌:不宜过量服用。

（5）松叶酒（《圣济总录》）

原料:松叶 500 克,米酒 3000 毫升。

制法:将松叶去除杂质,用凉开水快速淘洗,滤干,切碎,与米酒同在砂锅中煮,煮取药酒 1500 毫升,装瓶备用。

用法:1 天内(24 小时)将上述药酒服完。

功效:除风、除湿、止痒。

主治:荨麻疹多年久治不愈者。

禁忌:酒精过敏者忌用。

（6）菖蒲酒（《圣济总录》）

原料:石菖蒲 500 克,黍米 5000 克,酒曲 500 克。

制法:将石菖蒲去除杂质,加水 2000 毫升煎煮,煎取 1200 毫升。再将黍米加水煮成米饭,待温度降至 30℃左右时,拌入酒曲、菖蒲药液,搅和均匀。置瓷瓮内,密封酿酒。待 21 天酒熟后压去酒糟,滤取药液备用。

用法:1 次 50～100 毫升,1 天 3 次,饭前空腹温服,以治愈为度。

功效:活血通经,除风止痒。

主治:银屑病及一切癣症。

禁忌:阴虚火旺者慎用。

（7）陆地菖蒲酒（《外台秘要》）

原料:陆地菖蒲(切细、别煮)500 克,天门冬(去心)、苦参、黄芪各 250 克,柏子仁 200 克,火麻仁、大蓼子、蛇皮各 100 克,露蜂房、独活、石斛各 25 克,天雄(去皮生用)、茵芋、干漆、干地黄、远志(去心)各 15 克,黍米 5000 克,细曲 750 克。

制法:将前 16 味药去除杂质,捣碎,加水煎煮 2 次,每次 30～40分钟,合并 2 次药液共约 10 升。再将黍米加水煮成米饭,与药液混合。待温度降至 30℃左右时,拌入细曲,搅混均匀,置瓷瓮内,加盖密封,发酵酿酒。待 30 天后酒熟压去酒糟,滤取药液,装瓶备用。

用法:1 次 30 毫升,1 天 2 次,同时用棉签蘸药酒搽涂患处,每天2 次,以治愈为度。

功效:益肾补血,祛风通络。

主治:白癜风。

禁忌:孕妇禁用。

160. 治疗骨科疾病的药酒有哪些?

(1)杜仲酒(《千金要方》)

原料:杜仲(炒断丝)30克,附子(炮去皮脐)、羌活、石南藤各10克,白酒750毫升。

制法:将前4味药去除杂质,共研为粗末,用纱布袋盛,放入白酒瓶中浸泡,密封瓶口,每天摇1次。7天后即过滤出药液,装瓶备用。

用法:1次15毫升,1天2次,口服。

功效:补肾壮阳,祛风散寒。

主治:腰腿疼痛、关节屈伸不利(增生性脊柱炎)。

禁忌:阴虚火旺、孕妇忌服。

(2)补益黄芪浸酒(《圣济总录》)

原料:黄芪30克,萆薢、防风、川芎、牛膝各20克,独活、山茱萸、五味子各15克,黄酒1750毫升。

制法:将诸药捣碎,用纱布袋装,放入酒瓶中,封口泡7天,过滤取药液,装瓶备用。

用法:1次30~50毫升,1天3次,空腹温服。

功效:活血祛风,散寒通络。

主治:痹症(颈椎病神经根型)。

禁忌:口苦咽痛、面红目赤、发热汗出者不宜服用,孕妇禁用。

(3)羌活酒(《圣济总录》)

原料:羌活300克,独活100克,五加皮150克,鲜地黄汁500毫升,黑豆500克,清酒10升。

制法:将诸药去除杂质,前3味药切碎如麻豆大,与鲜地黄汁、黑豆一起放入清酒中,用慢火煮沸约3小时,滤取药液,去除药滓后装瓶备用。

用法:1 次 30~50 毫升,1 天 2 次,饭前空腹温服。

功效:补肝肾,壮筋骨,祛风湿。

主治:骨质增生症、腰痛强直难以俯仰。

禁忌:阴亏血虚者应慎用。

(4)桃仁生地酒(《圣济总录》)

立药:桃仁 30 克,生地黄汁 500 克,白酒 500 毫升。

制法:将桃仁去皮尖后研成膏状,将生地黄汁与白酒煎至沸,下桃仁,再煮数次沸腾,去渣,取药液备用。

用法:1 次 50 毫升,1 天 2~3 次,温服。

功效:疏通脉络,活血祛瘀。

主治:急性腰扭伤(初期)。

禁忌:孕妇禁用,腹泻者慎用。

(5)菊花酒(《太平圣惠方》)

原料:菊花、杜仲、钟乳石各 30 克,当归、石斛、黄芪、肉苁蓉、桂心、防风、附子、革薢、独活、白茯苓、山茱萸各 10 克,白酒 2000 毫升。

制法:将诸药去除杂质,共研为细末,装入纱布袋中,扎紧袋口,置于小口瓷坛内,注入白酒,密封坛口,每天摇 1 次。30 天后启封,滤取药液,装瓶备用。

用法:1 次 10 毫升,1 天 3 次,温服。

功效:补肾壮骨、祛风胜湿。

主治:腰部慢性劳损、关节疼痛等。

禁忌:关节红肿热痛、口渴尿黄为风热所致者本药酒不适用。

(6)桃花酒(《千金要方》)

原料:桃花 1000 克,糯米 6000 克,酒曲 500 克。

制法:先将糯米用井华水(早晨第一次汲取的井泉水)浸泡 12 小时,捞出放笼里蒸熟。桃花用井华水煎煮 10 分钟,然后从火上取下。等二者温度至 33℃时,将糯米饭、桃花及其煎液、酒曲(粉碎)掺和在一起,用米泔水调和均匀,放瓷瓮中密封酿酒,21 天后酒熟去糟,滤取酒液备用。

用法:1次100毫升,1天2次,温服。

功效:活血利水。

主治:腰椎间盘突出症、腰脊苦痛不遂等。

禁忌:脾胃亏虚、月经不调、糖尿病、高血压患者不宜饮用。

(7)麻根酒(《圣济总录》)

原料:鲜大麻根及叶3株,黄酒适量。

制法:取大麻根3株,鲜者去土洗净,连叶细锉捣绞取汁,与黄酒混合,文火煮沸5分钟即可。

用法:1次50毫升,1天3次,温服。若无鲜麻根也可用干麻根,1次取15克,黄酒100毫升,煎服。

功效:化瘀止血,利尿。

主治:骨折疼痛难忍。

禁忌:月经过多时慎用。

(8)凤仙花酒(《珍本医书集成》)

原料:白凤仙花180克,黄酒1000毫升。

制法:将白凤仙花与酒同置入酒坛内,封口浸泡7天,滤出药液,装瓶备用。

用法:1次30~50毫升,1天3次,口服。

功效:活血通经,祛风止痛。

主治:跌打伤痛、关节疼痛、腰胁引痛等。

禁忌:妇女月经量过多、尿血、便血、吐血、鼻衄者不宜服用,孕妇忌用。

161. 治疗妇科疾病的药酒有哪些?

(1)地榆黄酒(《太平圣惠方》)

原料:地榆60克,黄酒700毫升。

制法:将地榆研成细末,用黄酒煎煮10分钟,取药液即可。

用法:1次20毫升,1天2次,口服。

功效:清热凉血。

主治:月经过多或过期不止。

禁忌:酒精过敏者慎用。

(2)茴香青皮酒(《太平圣惠方》)

原料:小茴香150克,青皮150克,黄酒2500毫升。

制法:将前2味药放入酒坛,倒入黄酒后密封坛口,浸泡5天,取药液备用。

用法:1次15～30毫升,1天2次,口服。

功效:疏肝理气。

主治:月经量少、经色正常无块、行而不畅者。

禁忌:阴虚阳盛者慎用,高血压者禁用。

(3)槐耳酒(《本草纲目》)

原料:槐耳100克,黄酒1000毫升。

制法:取槐耳洗净,晒脆研末,与黄酒共煮沸(小火慢炖)15分钟,取下待冷,无须过滤,装瓶备用。

用法:1次40毫升,1天2次,温服。服用前先将药液摇匀,连同药渣一齐服下。

功效:活血止血。

主治:崩漏下血(功能失调性子宫出血)。

说明:用量不宜过大。

(4)艾叶酒(《普济方》)

原料:艾叶90克,黄酒1000毫升。

制法:用酒煎药,酒煮去一半,滤汁备用。

用法:1次20～30毫升,1天3次,温服。

功效:温经止痛,止血安胎。

主治:月经先后无定期、痛经、血量较多者。

禁忌:外感发热、高血压患者不宜服用。

(5)木耳胡桃酒(《仙拈集》)

原料:黑木耳6克,胡桃仁(去皮)6克,黄酒不拘量。

制法:将木耳用水泡发,去蒂,炒干研末,胡桃仁捣烂如泥,2味药加黄酒同煎,数沸后备用。

用法:1天1剂,分2次温服。

功效:益气补肾。

主治:闭经。

禁忌:便溏者慎用。

(6)没药酒(《圣济总录》)

原料:没药15克,黄酒100毫升。

制法:没药研面,入酒中,火上煮沸,酒去一半止,滤酒备用。

用法:1次20~30毫升,1天3次,口服。

功效:活血、行淤、止痛。

主治:痛经、脘腹疼痛、跌仆伤痛等。

禁忌:经量多者忌服。

(7)杞根地黄酒(《千金要方》)

原料:枸杞根90克,生地黄500克,米酒(或黄酒)9000毫升。

制法:将前2味药细锉,入酒中煎煮,微火煮至米酒(或黄酒)减半,去渣滤汁,装瓶备用。

用法:1次30毫升,1天2次,口服。

功效:滋阴清热。

主治:阴虚内热、赤白带下、盗汗等。

禁忌:脾虚、便溏者禁服。

(8)桑葚酒(《普济方》)

原料:桑葚500克,糯米2000克,酒曲适量。

制法:将桑葚加水煎,压榨出药汁,弃药渣,用药汁和糯米煮成饭,摊凉,拌入酒曲,入坛密封,酿成酒后启封即可。

用法:1次30毫升,1天3次,口服。

功效:补肝肾、养阴液。

主治:带下过少、小便不利、头晕等。

禁忌:腹泻慎用。

(9)阿胶酒(《圣济总录》)

原料:阿胶 400 克,黄酒 1000 毫升。

制法:用酒在小火上煮阿胶,令化尽,再煮至 1000 毫升取下候温。

用法:1 剂分作 4 次服用,空腹慢饮。

功效:补血止血。

主治:产后下血不止(产后血崩)。

禁忌:呕吐、泄泻者忌用。

(10)蛋黄酒(《普济方》)

原料:鸡蛋 5 个,黄酒 50 毫升。

制法:将鸡蛋打入碗内,去蛋清用蛋黄,加水及黄酒调匀。

功效:活血下胎。

主治:妊娠过期。

禁忌:脾虚泄泻者慎用。孕妇禁用,忌与鳖甲、胡椒同食。

(11)催乳酒(《千金要方》)

原料:猪蹄(煮烂捣碎)1 个,通草 60 克,黄酒 1000 毫升。

制法:前 2 味药用黄酒浸 2 天后滤酒备用。

用法:1 次 50~100 毫升,1 天 3 次,温服。尽量多服。

功效:通经下乳,补血。

主治:无乳汁或乳汁少。

禁忌:肝郁气结、瘀血阻滞造成乳汁不通者不宜服用;对酒类过敏者不宜服用。

附注:《本草图经》载:猪蹄"行妇人乳脉,滑肌肤,去寒热"。本方剂适用于气血两虚型缺乳。

(12)鲫鱼酒(《太平圣惠方》)

原料:鲫鱼 1 条(重约 500 克),猪脂 60 克,漏芦、钟乳石粉各 30 克,米酒 1500 毫升。

制法:将鲫鱼去鳞及内脏,用清水冲洗干净,与其余药物一同放进锅内,用文火煮沸30分钟即成。

用法:拆下鱼肉,鱼骨、鱼刺焙焦研面。鱼肉及鱼骨粉均分3次服用,1天服完,每次用100毫升药酒送服。连服3～5天,1天1剂。

功效:补虚助阳,利水下乳。

主治:产后乳汁不下、阳虚水肿等。

禁忌:忌猪肝、鸡肉、鹿肉。

162. 延年益寿的药酒有哪些?

(1)枸杞地黄酒(《圣济总录》)

原料:枸杞子60克,生地黄取汁80毫升,黑芝麻30克,白酒1000毫升。

制法:将枸杞子捣碎,与黑芝麻同置容器中,加入白酒,密封,浸泡20天,再加入生地黄汁,搅匀,密封,浸泡30天后,过滤去渣,即成。

用法:1次15毫升,1天2次,口服。

功效:滋阴补肾,乌发,生发。

主治:精血亏虚所致须发变白者。

禁忌:腹满、便溏者慎用。

(2)乌须酒方(《寿世保元》)

原料:黄米15000克,淮曲10块(约1200克),麦门冬(去心)250克,天门冬(去心)60克,人参(去芦)30克,生地黄120克,熟地黄60克,枸杞60克,何首乌120克,牛膝(去芦)30克,当归60克。

制法:将诸药各研为细末,黄米洗净煮熟,待温热时,与淮曲、药末拌匀,入缸内,封缸口,放置常温处,经21天酒熟后,榨出酒液,过滤后装瓷坛中备用。

用法:1次100毫升,清晨饮用。

功效:滋补肝肾,乌发,延寿。

主治:白发。

禁忌:忌白酒、萝卜、葱、蒜,反藜芦。

(3)一醉不老丹(《古今医鉴》)

原料:连花蕊、生地黄、槐角子、五加皮各 60 克,没食子 6 个,清酒 5000 毫升。

制法:将没食子捣碎,与余药用纱布袋盛,同入干净瓷坛内浸泡,春冬浸 1 月,秋 20 天,夏 10 天,紧封坛口,浸满所需天数后过滤出药液,装瓷坛内备用。

用法:每次任意饮服,以微醉为度。须连日服,若不黑,再制,久服自黑。

功效:养血、乌须、黑发。

主治:须发早白。

禁忌:孕妇慎用。

(4)延龄酒(《奇方类编》)

原料:枸杞子 120 克,龙眼肉 60 克,当归 30 克,炒白术 15 克,大黑豆 175 克,白酒 3500 毫升。

制法:将大黑豆捣碎,与余 4 味药一起装入纱布袋盛,扎紧口,再将白酒倒入干净瓷坛内,放入药袋,加盖密封,浸泡 21 天后过滤出药液,装瓶备用。

用法:1 次 20 毫升,早、晚各 1 次,口服。

功效:益阴养血,延龄。

主治:体质虚弱。

禁忌:腹泻者不宜服用,孕妇禁用。

(5)神仙延寿酒(《万病回春》)

原料:生地、熟地、天冬、麦冬、当归、牛膝、杜仲、小茴香、巴戟天、川芎、白芍、枸杞子、肉苁蓉、黄柏、云苓、知母各 15 克,破故纸、砂仁、白术、远志、人参各 10 克,石菖蒲、柏子仁各 8 克,木香 6 克,白酒 4300 毫升。

制法:将上述药全部加工研碎,用细纱布袋盛,扎紧口放入净坛里,倒入白酒置文火上煮,约 2 小时后取下待温、加盖并泥固。再将

药酒坛埋入较潮湿的净土中,经 5 天后取出,置阴凉干燥处。再经 7
天后即可开封,去掉药袋,过滤即可。

用法:1 次 20 毫升,早、晚各 1 次,口服。

功效:补气血、养肝肾、调脾胃、壮精神、泽肌肤、明耳目、健身
益寿。

主治:未老先衰等。

禁忌:孕妇禁用。

(6)熙春酒(《随息居饮食谱》)

原料:枸杞子、龙眼肉、女贞子、生地、仙灵脾、绿豆各 100 克,柿
饼 500 克,白酒 5000 克。

制法:将诸药加工研碎,装入布袋中,用线扎紧口,再将酒倒入瓷
坛内,再放入药袋,严封,置阴凉干燥处,隔日摇动数次,经 21 天后开
封,去掉药袋,装瓶备用。

用法:1 次 20 毫升,1 天 3 次,口服。

功效:养心补肾,壮腰膝,养容颜。

主治:未老体衰。

禁忌:糖尿病者忌用。

(7)养生酒(《惠直堂经验方》)

原料:当归身、菊花各 30 克,桂圆肉 240 克,枸杞子 120 克,白酒
3500 毫升。

制法:将诸药盛入纱布袋内,悬于坛内,加入酒封固,窖藏 1 个月
以上便可饮用。

用法:1 次 20 毫升,1 天 2 次,口服。

功效:补益强身,养生防病,延缓衰老。

主治:老年人免疫功能低下、年老体衰。

禁忌:糖尿病者慎服。

黄酒产业的机遇与挑战

163. 国家对黄酒业发展的政策是什么?

长期以来,对于酒类产业,国家一直贯彻"优质、低度、多品种、低消耗"的方针;积极实施"四个转变":普通酒向优质酒转变,高度酒向低度酒转变,蒸馏酒向酿造酒转变,粮食酒向水果酒转变,重点发展葡萄酒、水果酒,积极发展黄酒,稳步发展啤酒,控制白酒总量。白酒从 2000 年的 650 万吨下降到 2010 年的 450 万吨;啤酒从 2000 年的 2140 万吨增加到 2015 年的 3200 万吨;黄酒从 2000 年的 145 万吨增加到 2015 年的 250~280 万吨;葡萄酒从 2000 年的 35 万吨增加到 2015 年的 120 万吨左右;果露酒从 2000 年的 20 万吨增加到 2015 年的 40 万吨左右。而且,政府从具体的税收政策上对黄酒产业加以扶持,相对来说,在白酒、黄酒和啤酒三者之中,黄酒的消费税负担最轻。因此,国家宏观的酒业导向政策十分有利于黄酒业的发展。

164. 绍兴黄酒获得过哪些荣誉?

自清宣统二年(1910)至今,绍兴黄酒先后 7 次获国际金奖、5 次国家金奖、22 次部优质产品奖、8 次省优质产品奖。

清朝时被评为全国十大名产之一。在 1910 年的南洋劝业会上,1915 年的美国巴拿马万国博览会上,1936 年的浙赣特产展览会上,多次荣获金牌和优等奖状。1979 年,加饭酒又获"国家名酒"称号,由国家经委授予金质奖章和奖状;同时,元红酒、善酿酒双获"国家优质酒"称号,由轻工业部授予"优质产品证书"。1980年,香雪酒也荣获省政府颁发的"优质产品证书"。1983年,加饭酒、元红酒双获轻工业部酒类质量大赛金杯奖,善酿酒获银杯奖,香雪酒获部优称号。1985年,在法国巴黎世界美食旅游产品评比中,绍兴塔牌加饭酒获金质奖。同年,在法国巴黎举办的第十二届世界博览会上,两次夺得金奖。从1988年起,加饭酒、花雕酒被列为国宴专用酒。

2020年5月,绍兴黄酒入选首批"浙江文化印记"名单。

2020年7月20日,绍兴黄酒入选中欧地理标志首批保护清单。

165. 黄酒产业的现状如何?

(1)黄酒产量为260～300万吨,仅占酒水饮料市场的4％～5％。2006年销量不足40亿元,而葡萄酒销量突破35亿元(30多万吨产量)。中国黄酒业尚属微利行业。

(2)在所有黄酒消费中,只有30％的黄酒为饮用酒,60％为料酒,10％为药用酒,消费群体过于狭窄,消费者对黄酒的认知不够。

(3)黄酒行业内部竞争激烈,为争夺有限的市场,只得打价格战。黄酒档次有待提高,新产品有待开发,创新精神有待发扬,黄酒的饮用价值和保健功能有待进一步宣传和教育。

(4)黄酒产业的战略定位尚不明确,营销思维有待改变,黄酒文化的传播有待加强。

(5)黄酒行业优势和劣势并存,机遇和挑战并存。黄酒的发展前景看好:①消费升级使低度、营养的黄酒受消费者青睐;②国家产业政策的扶持,黄酒在各酒种中的消费税压力是最轻的;③民族的复兴带动本民族文化物化品之一的黄酒回归;④创新赋予黄酒新的活力。

166. 绍兴黄酒近年来取得了哪些科研成果？

近年来，绍兴黄酒从酿制、贮存、灌装、包装都进行了技术革新，科研成果的产业转化使绍兴酿酒业进入了更为完善和成熟的时代。绍兴黄酒在国内外名酒林立的酒类市场中独树一帜，以优异的质量和独特的口味引人注目。这种特色的形成来之不易，是多少年酿酒工作者不断探索、不断创新的结果。近二十年来，绍兴几家大厂与科研单位、大专院校通力合作，开展了多项科学研究，取得了许多科研成果。如加饭酒的基本成分分析和主体香研究；加速陈酿的研究；优良菌株的分离、筛选和应用研究；绍兴酒沉淀物稳定性研究；大罐发酵自动控温研究；大容器贮存研究；绍兴黄酒与冠心病等慢性疾病的预防研究；绍兴黄酒制曲新工艺的研究；绍兴黄酒生产工艺幻影成像系统研究；绍兴黄酒功能组分的监测与研究等等。科研成果及时应用于生产实践，创造了较好的经济效益，企业也从科技兴厂中获益很大。

167. 绍兴黄酒产业有何机遇与挑战？

随着近年来黄酒消费结构不断升级、行业竞争加剧，黄酒产业发展遇到了瓶颈，黄酒行业标准化体系建设力量薄弱，现有标准体系与行业转型升级需求不相匹配，标准的开发利用及标准相关技术指标的研究程度有待深入等产业发展短板日趋明显。浙江省是黄酒生产大省，单绍兴地区黄酒产量和产值已占全省总产量、总产值的70%以上。但是与其他酒种相比，黄酒技术标准体系尚待完善，当下绍兴相关单位研制黄酒相关标准参与率低，黄酒标准数量少，结构单一，重要的基础标准、方法标准和配套标准缺失，技术标准和管理体系的研究和制定相对滞后。在目前食品安全关注度高、产业提升有着刚性要求和社会对高品质黄酒产品需求旺盛的大背景下，黄酒产品标准基础性研究工作的缺位愈显突出，一系列涉及开发配套的过程管理标准、检测方法标准等研究工作有待进一步加强。调研显示，由于标准研制水平和力度的欠缺，一定程度上导致了当下绍兴黄酒产品创新动力不足，产品结构单一，不能满足消费市场多元化需求，产品利润空间逐渐缩小，持续发展的困难进一步显现等问题，黄酒基础性、关键共性技术研究能力的提升更加显得迫切。

随着中国酒业板块的轮动发展，白酒快速崛起、攻城略地，而黄酒在新环境、新时代、新背景下，同样迎来了历史性发展的机遇快车道。具体包括：

（1）健康化机遇。消费理念健康化，此次疫情培养的消费习惯与消费理念将作为财富留给社会。健康酒种和优质产品将更受追捧，更健康的酒种、更健康的品类、更优质的产品，将获得更多的青睐。对于黄酒品类来说，迎来的不是挑战，而是机会！可以说，"健康热，黄酒会变火！"国家自信、民族自信、文化自信，已经上升为"国家战略"，黄酒作为中国"国粹"，古越龙山作为黄酒行业的龙头，有义务勇担中华文明面向世界的传播重任。"越酒行天下"是黄酒价值的回归，亦是众望所归！

（2）扩容化机遇。技术普及向新走、消费普及向外走、空间普及向上走。打破黄酒的空间和价值边界，大力度拓展销售区域，培育消费人群，打开价值通道。

（3）集中化机遇。集中化是行业发展不可逆转的规律，古越龙山作为黄酒龙头，以"越酒行天下"活动进一步深化全国布局，打造头部竞争优势，带动黄酒行业整体升级向上，成为行业标杆的持续引领者。

（4）商务化机遇。商务场景的打造是黄酒发展的未来，商务化竞争的原点是品牌卓越、健康品质、产量稀缺、尊贵体验，而这些要素正是古越龙山的核心资产。

（5）"高年份老酒"机遇。名酒之上"唯有老酒"，老酒概念来源于黄酒，绍兴黄酒老酒具有真实年份（国家标准）、纯手工酿造、品质超群的独有特点,未来几年老酒将实现巨大的市场容量!

(6)数智化机遇。5G 时代,线上电商＋线下全域化新零售,酿造数智化实现智慧工厂体验和多场景消费交互,渠道数智化实现终端私有化和客户互动营销、产品数智化实现追溯防伪和动销,利用大数据等信息技术将成为黄酒企业发展的重要机遇。

(7)机制创新机遇。体制机制改革是未来酒业 5 年发展的最大政策红利期,未来,黄酒通过创新整合商业资源、参股、并购,或将成为促进行业发展的重要机遇。

168. 绍兴黄酒产业的出路在何方?

(1)规划黄酒业的发展战略:绍兴黄酒作为绍兴城市的一张"金字名片",必须有近期、中期、远期发展战略目标。打破"南黄北白"消费市场局限的局面;改变绍兴黄酒的料酒角色,积极宣传其饮用价值和保健功能;挖掘绍兴黄酒的历史文化内涵,塑造和推广品牌;打破黄酒产品同质、缺乏差异的困境,打造绍兴黄酒个性化产品;构建持续的营销战略等。

(2)倡导黄酒时尚,开拓北方市场,引导黄酒消费。全力恢复农村市场,建立农村根据地。黄酒作为"液体蛋糕"的价值定位应让消费者有所了解。

(3)黄酒缺少变化,而创新是任何事物立于不败之地的灵魂。黄酒企业要有一种精神,一种气魄,挑战自我陈旧的产品思维并加以突破。用不断发展的科学技术对黄酒进行品质革新,整合产品,优化产品结构,加大中档、高档酒的比重,转变盈利模式,提高行业集中度。

图书在版编目（CIP）数据

黄酒功能因子与营养保健 / 郭航远，池菊芳，林辉
主编. —杭州：浙江大学出版社，2021.11
　　ISBN 978-7-308-21951-8

　　Ⅰ．①黄… Ⅱ．①郭… ②池… ③林… Ⅲ．①黄酒—
营养成分—研究 Ⅳ．①TS262.4

中国版本图书馆 CIP 数据核字（2021）第 221651 号

黄酒功能因子与营养保健

主　编　郭航远　池菊芳　林　辉
副主编　裘　哲　翁惊凡　夏建宇

责任编辑　余健波
责任校对　何　瑜
封面设计　周　灵
出版发行　浙江大学出版社
　　　　　（杭州市天目山路 148 号　邮政编码 310007）
　　　　　（网址：http://www.zjupress.com）
排　　版　杭州好友排版工作室
印　　刷　绍兴市越生彩印有限公司
开　　本　880mm×1230mm　1/32
印　　张　6
字　　数　167 千
版 印 次　2021 年 11 月第 1 版　2021 年 11 月第 1 次印刷
书　　号　ISBN 978-7-308-21951-8
定　　价　40.00 元

版权所有　翻印必究　印装差错　负责调换
浙江大学出版社市场运营中心联系方式：(0571) 88925591；http://zjdxcbs.tmall.com